大海！我来啦

韩国好书工作室 / 著　　南燕 / 译

扫码听音频

浙江教育出版社·杭州

"哇！大海！"

　　我们终于来到了海边。在金黄色的沙滩上，我们欢快地奔跑，脚下的沙子温暖而松软，钻进脚趾缝间拂落不掉的小沙粒，顽皮地搔着我们的脚丫。

　　我们知道，海边有数不清的沙子。但是这些沙子都是从哪儿来的呢？

　　其实沙子是从石头变来的。海边的岩石或巨大的石块在波涛的拍打下碎成小块，碎成小块的石头在海浪的推挤下相互碰撞，尖尖的棱角逐渐磨平，越来越小，最终变成了可爱的沙粒。

　　小石子和沙粒乘着波涛来到海边，堆积在一起，就形成了广阔的沙滩。

"呀吼！"

小伙伴们扑通扑通地跳进凉爽的海水中。

海面波涛起伏，我们随着翻滚的波浪上下起伏、左右游荡。

真是太好玩了！

海浪是怎样形成的？

海浪是由于风的作用形成的。风吹过海面，吹动海水，泛起波浪。风持续吹，波浪变大，形成"风浪"。风浪在靠近海岸的地方速度变缓，又变成泛着白色泡沫的波浪。

风

"噗噗……呸呸！"

我们冲浪时呛到了海水。因为海水中含有盐，所以味道很咸。海水中的盐是从哪儿来的呢？

原来是岩石中的盐分溶在雨水中，汇流入海，使海水变咸了。

死亡之海 —— 死海

以色列、巴勒斯坦和约旦交界的地方有一个神奇的咸水湖，它是由于当地气候干燥，水分大量蒸发而形成的。死海的盐分含量是普通湖泊的 5~6 倍，致使水中没有生物可以存活，所以得名"死海"，意为"死亡之海"。不过，死海中的许多物质可以作为珍贵的资源加以利用。由于死海里盐的浓度极高，因此浮力较大，人们进入死海后会自动浮起来。

1. 土壤和岩石中含有盐分及多种物质。下雨时这些物质会溶于雨水中并汇流到大海里。

海水为什么是咸的？

3. 盐分及其他物质无法被蒸发，沉积在海洋里，日久天长，使得海水有了咸味。

2. 在阳光的照射下，海水中的水分蒸发到空气中。

海水中漂浮着草一样的东西，那是什么呢？

那是海藻。海藻是长在海底的海洋生物，它被海浪连根卷起，漂浮到了水面。

海藻颜色多样，有绿色的、褐色的、红色的。人们爱吃的紫菜、石莼（chún）、海带等都属于海藻。

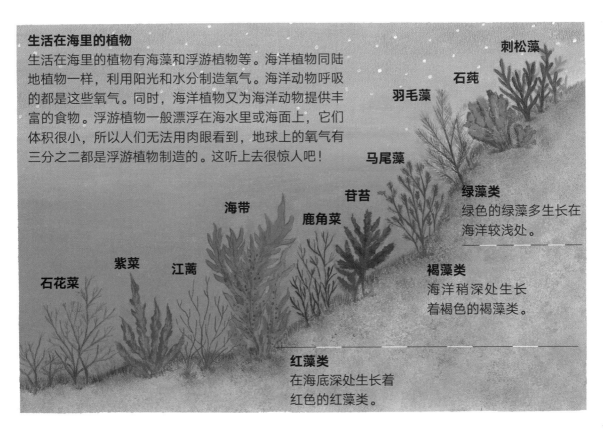

生活在海里的植物

生活在海里的植物有海藻和浮游植物等。海洋植物同陆地植物一样，利用阳光和水分制造氧气。海洋动物呼吸的都是这些氧气。同时，海洋植物又为海洋动物提供丰富的食物。浮游植物一般漂浮在海水里或海面上，它们体积很小，所以人们无法用肉眼看到，地球上的氧气有三分之二都是浮游植物制造的。这听上去很惊人吧！

刺松藻

石莼

羽毛藻

马尾藻

苔苔

鹿角菜

海带

江蓠

紫菜

石花菜

绿藻类
绿色的绿藻多生长在海洋较浅处。

褐藻类
海洋稍深处生长着褐色的褐藻类。

红藻类
在海底深处生长着红色的红藻类。

海洋里都有什么呢？

阳光能照射到的地方海洋植物较多，氧气丰富，适宜鱼类生存。

在这里，各种鱼类和不知名的海洋植物聚集在一起，呈现出一片生机勃勃的景象。

如果你到海洋里看一看，那里的景色会让你叹为观止。

生命的宝库

海洋中除了各种各样的鱼类，还有许多不知名的海洋植物、珊瑚等，它们共同构成了一幅壮丽的海底世界画卷。

云鳚（wèi）

海百合

大叶藻

海葵与小丑鱼

珊瑚

比目鱼

水母

刺松藻

多板盾尾鱼

海胆

珊瑚藻

红珊瑚

蜈蚣藻

条纹豆娘鱼

13

我们知道，越到海底深处，
光线越暗，水压也越来越大。
所以生活在深海里的鱼类外表都很奇异。

生活在深海里的生物
由于深海里一片漆黑，所以生活在这里的生物很
多都能自己发光。

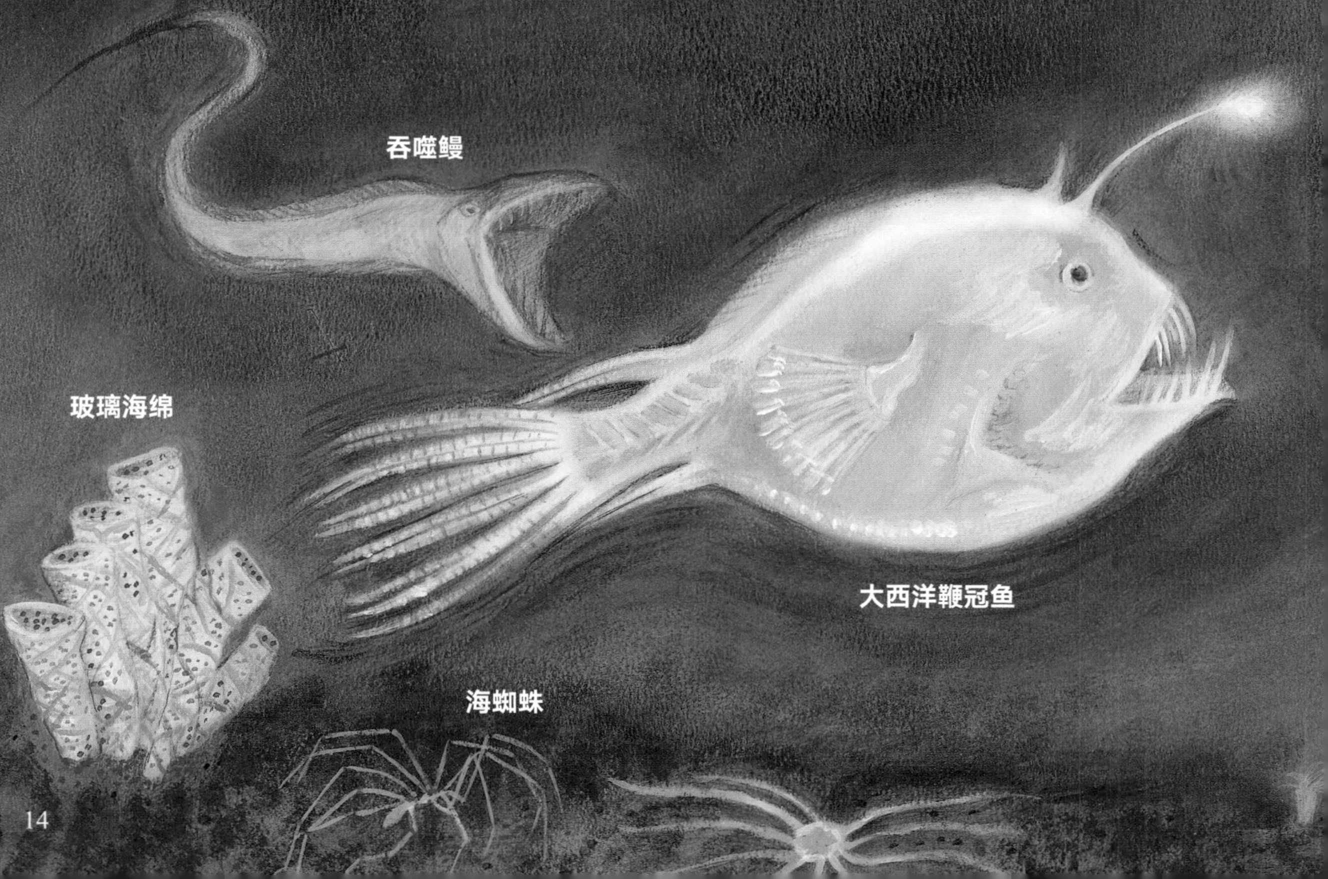

吞噬鳗

玻璃海绵

大西洋鞭冠鱼

海蜘蛛

鮟鱇（ānkāng）

斧头鱼

蝰（kuí）鱼

管虫

海洋调查船
进行海洋调查和研究的船只，
上面载有各种仪器设备，在海
上巡回。

回声测深仪
利用声波对海洋深度
进行测量。声波在海
水中的传播速度约为
1500 米／秒。向海底
发射声波，声波到达
海底后反射回发射处。
通过测定声波反射回
来的时间便可以获知
海洋的深度。

沉积物采样器

采水器

沉船

潜水艇

地质取样器

深海摄像机

锰结核取样器

如何研究深不见底的海洋世界呢？

　　研究海洋的方法有很多种。在浅海区，人们可以穿潜水服直接下去探查。无法直接触及的深海区则可乘坐潜水艇前往。

人类身着普通潜水装备可下潜的最大安全深度为 50 米。历史上曾有下潜到 300 米的纪录。

大型浮游生物网

小型浮游生物网

深海潜水艇
（日本的"深海 6500"）

深海潜水艇
（韩国的"OKPO 6000"）

潜水艇
潜水艇会自动将信息传送给海洋调查船或人造卫星，因此陆地上的人们也可以获知潜水艇的位置。

17

呀！海水渐渐退下去了。

海水退回到海洋里，海面下降的现象叫作退潮。退潮后沙滩上出现一个又一个水坑，聚集了许多鱼类、海葵、海星、海胆等生物。

海星

海螺

正织纹螺

扇贝

寄居蟹

海葵　　藤壶

海胆

龟足

19

退潮之后海边是一片广阔的沙滩。退潮前被海水淹没的岩石、小路显露而出。躲在洞里的螃蟹小心翼翼地钻出来寻找食物。可怕的入侵者鹬（yù）也悄悄地走过来。

鹬不仅吃螃蟹，还会捕食藏在沼泽里的贝壳和海蚯蚓。

海蚯蚓

沙蟹

沙蚕

毛翼虫

白领鸻（héng）

长竹蛏（chēng）

蛤蜊（gélí）

贻贝

龟足

藤壶

黑钟螺

牡蛎

海虱 石鳖

海绵

羊栖菜

海星 笠螺

鹬

玩了好一会儿之后，小路渐渐不见了。海水又重新涨了起来。海水涌向陆地，海面上升的现象叫作涨潮。无论是涨潮，还是退潮，都要赶快从海水中离开，因为潮水的力量是很大的，可能会把人卷走。

沙滩上散落着许多东西，既有
贝壳也有美丽的小石头。
　　不过，也有散落在各处的垃圾。

我们收集美丽的空贝壳，把它们带回家；拾起垃圾，把它们丢进垃圾桶里；捉到的小鱼，又重新放回大海。

因为我们知道，将海洋生物带回家，它们是无法存活的。

天黑了，虽然有些舍不得，但还是该回家了。
沙滩上、大海里，好像到处都有动物在窃窃私语。

沿海防风林
海岸边种有很多树，它们可以为
海边村庄防尘挡风。因此，这些
树林也被叫作"沿海防风林"。

海底的地貌

让我们来比较一下海底和陆地的地貌，同时了解一下人们是如何获知海底地貌的。

脑力大比拼

海底的地貌是什么样的呢？

看下图，比较一下陆地和海底的地貌。

A

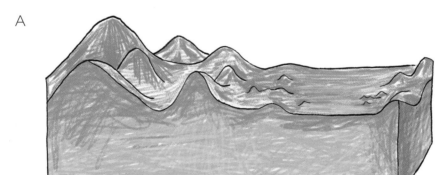

B

❶ 图（A　B）是陆地的地貌。陆地高低不平，有高高的山峰，有深深的峡谷，还有平坦的土地。

❷ 图（A　B）是海底的地形。

❸ 靠近陆地的海水较（浅　深）。

❹ 远离陆地的海水较（浅　深）。

❺ 海底有高耸出地面的（海山　海沟），也有深深凹陷的（海山　海沟）。

❻ 海底也像（　　）一样，有高山有峡谷，还有平地。

❼ 海底与陆地的地貌（相似　不同）。

靠近陆地的海水比较浅。

比较海底和陆地的地貌，可以发现海底也像陆地一样，有许多海山和海岭，也有深深凹陷的峡谷。靠近陆地的海水较浅，远离陆地的海水较深，这里的海山和海沟也较多。

答案：① A ② B ③浅 ④深 ⑤海山，海沟 ⑥陆地 ⑦相似

● **科学实验室**

如何获知海底地貌？

通过实验来了解人们是如何获知海底地貌的。

第 1 步

在水槽中放入泥土，整理成高低不平的形状，向水槽中缓缓注入水。用纸或布将水槽四周围起来。

第 2 步

从水槽的一端向另一端，按照一定的间隔分别测量水深，并记录在表格里。

距离 (cm)	0	5	10	15	20	25	30	35
水深 (cm)	10	6	15	10	5	7	20	15

思考

● 水深是完全相同还是不同的？　　　　　　　　　　　（　　　）

答案：不同

第**3**步 观察根据表格数据绘成的折线图，将水槽外面覆盖的纸张撕下，比较水槽中的地貌和折线图的形状。

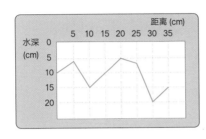
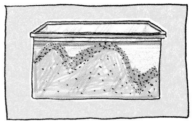

思考

● 折线图的形状与水槽中的地貌相同还是不同？ （ ）

结论

① 通过测量水深可以知道水槽中的（ ）形。

② 海底的实际地貌可以通过测量海水的（ ）知道。

小博士告诉你

为了获知海底的地貌，需要测量海水的深度。测量海水深度的方法有：从船上降下悬挂重物的绳索测量；利用无人潜水艇测量；从船上发射超声波测量等。

利用悬垂绳索

利用潜水艇

利用超声波

思考答案：相同 / 结论答案：①地 ②深度

深邃广阔的海洋

海洋覆盖地球表面的三分之二以上，地球上的大部分水都在海洋当中。让我们一起来了解一下海洋的各种特点，以及海洋对地球和我们人类的影响。

· 海底是什么样的呢?

海底和陆地一样有着丰富的地貌。海底有起伏的海丘，绵延的海岭，深邃的海沟，也有坦荡的深海平原。

海底深深凹陷的峡谷叫作海沟。海沟十分深邃，阳光照射不到，所以十分黑暗。世界上最深的海沟是太平洋的马里亚纳海沟，深达 10909 米左右，连陆地上最高的珠穆朗玛峰（8848.86 米）也可以完全沉进马里亚纳海沟里。

海底火山爆发后，熔岩不断沉积，甚至会露出水面，有一些岛屿，例如太平洋上的夏威夷群岛就是这样形成的。

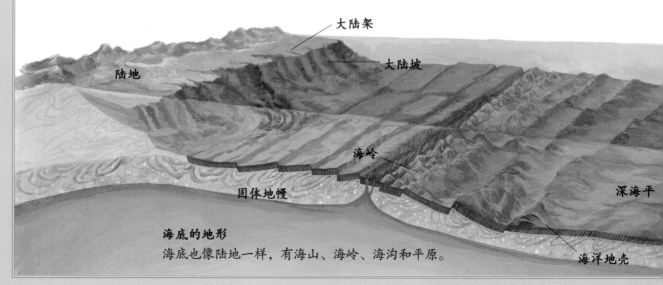

陆地　　大陆架　　大陆坡　　海岭　　固体地幔　　深海平　　海洋地壳

海底的地形
海底也像陆地一样，有海山、海岭、海沟和平原。

海洋对地球的影响

海洋覆盖了地球表面三分之二以上的地方。这就是为什么从太空俯视地球，地球整体呈现蓝色的原因。海水水量巨大，占据了地球总水量的97%，剩余的3%存在于冰川、江河湖泊、地下与空气中。

海洋可以调节地球的温度，使之不至于过热或过冷。水与其他物质相比导热性不强，因此在水量丰富的地球上，气温不会发生过于剧烈的变化。如果地球上没有海洋只有陆地，地球上的白昼将会变得极热，夜晚会变得极冷，生物都将无法生存。

陆地与海洋交界处

在陆地与海洋的交界处，海水会渗透至陆地，陆地也会延伸至海洋。风吹浪打会侵蚀岩石，或是形成悬崖，或是裂为小石块。小石块被海浪拍打摩擦，蚀为沙粒。海水携来的泥沙堆积在海边，使陆地不断扩大。就这样，海岸在漫长岁月中逐渐发生着变化。

有的海岸岩石峭壁处处耸立，有的海岸沙滩广袤，被开发为海水浴场，还有的海岸尽是容易陷落的沼泽。

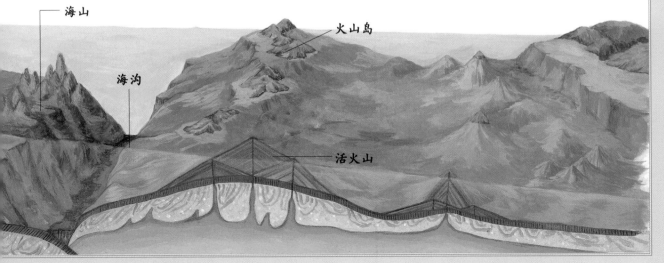

海山

海沟

火山岛

活火山

• 为什么会发生涨潮和退潮?

海水每天会涌上陆地（涨潮）和退回海洋（退潮）。涨潮和退潮现象是由月球对海水的引力造成的。太阳和月球都对地球有引力，月球体积虽然远不及太阳，但因距地球距离更近，所以对地球的引力更强。地球上正对月球的地方由于月球的引力，海水隆起，海面上升；背向月球处同样如此。这就是涨潮现象。一个地方出现涨潮，其两边区域的海面就会下降，即退潮。而由于地球自转的原因，同一地区的海水有涨有落。

涨潮和退潮发生的原因
涨潮和退潮现象是由于月球
对海水的引力造成的。

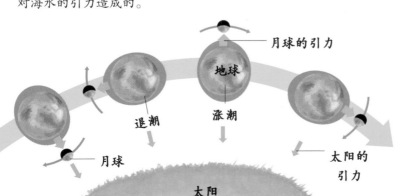

• 流动的海水

海水是不断运动的。潮汐、波浪等都是海水运动。海水朝着一定的方向有规律的水平流动，这就是所谓的洋流。洋流包括水温较高的暖流和水温较低的寒流。暖流是低纬度流向高纬度的洋流，而寒流则是高纬度流向低纬度的洋流。洋流的形成有多种原因，其中风的影响最大。由于地球上的风是朝着一定的方向吹，故而海水也朝着一定的方向流动。

洋流使得地球上的热量得以平均分配。如果没有洋流，赤道会比现在更加酷热，而极地则会更为寒冷。洋流影响着全球气候，也将海洋中的养分带到地球各地。

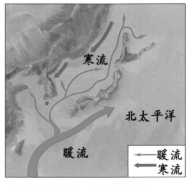

北太平洋部分海域的洋流

海水为什么是咸的?

海水之所以是咸的，是因为海水含有盐分，1千克海水中约含有35克的盐分。海水并不仅仅含有盐分，还含有其他的矿物质。海水之所以会含有这些物质，是因为原本存在于岩石或土壤中的物质溶解于水并最后汇流到海洋里的缘故。

海洋污染

海洋不断为人类馈赠着无数的资源，是我们的资源宝库。然而，目前海洋却面临着十分严重的污染问题。

载满石油的油轮一旦沉没，黝黑的石油就将覆盖大面积海域，无数生物会因之死去。陆地上的污染物被雨水冲刷，随江河流入海洋，同样会造成严重的污染。人们有时将废船遗弃在海上，甚至将陆地上的垃圾也倾倒于海洋当中。海龟将人类抛弃的塑料袋当作水母误食而死的事件时有发生。

海洋一旦遭到污染，人们再食用水产品时，污染物质就会进入人体，无法排出。

海洋给予人类无数馈赠

人类从海洋中获得无数资源。鱼类、贝类、海藻等海洋生物可以作为美味的食材，更重要的是可以用海水制盐。用海水制盐，首先要将海水引入蒸发池中，再在阳光下暴晒使水分蒸发。制盐的场所叫作盐田，顾名思义就是产盐的田地。

人们还会在海底钻井来开采埋在海底深处的石油和天然气，在靠近陆地的海洋中开采建筑用的砾石和沙子。人们还利用海水潮汐产生的动能发电，即潮汐发电。潮汐发电无公害、无污染，且取之不尽，用之不竭。

在盐田中制盐的景象

启明星科学馆

火山生气啦!

韩国好书工作室 / 著　　南燕 / 译

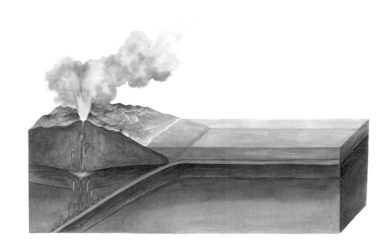

浙江教育出版社·杭州

轰隆隆……嘭！

1980 年 5 月 18 日，美国华盛顿州的圣海伦斯火山爆发了。伴随着雷鸣般的"嘭"一声巨响，山体北侧一团黑云喷涌而出。黑乎乎的火山灰和火山气体涌向天际。明亮的天空变得如夜般漆黑，火山灰如骤雨般瞬间倾泻下来。

曾经，圣海伦斯火山周围的景色非常优美，树木青翠，湖水清澈，人们都爱到这里游玩。

　　然而，火山爆发毁了一切。树木被连根拔起，山顶的积雪融水和火山灰混合而成的高温泥水，汇成一条大河，席卷了大片森林。圣海伦斯火山的高度因此降低了约 400 米。

圣海伦斯火山爆发前后对比

① 火山爆发前的样子　② 火山北侧岩石向上　③ 火山爆发时的样子　④ 火山爆发后的样子
　　　　　　　　　　　　　隆起，即将爆发

1991 年 6 月 15 日，菲律宾的皮纳图博火山大规模爆发。在此之前，皮纳图博火山已经处于休眠状态大约 600 年。

皮纳图博火山爆发时喷出的火山灰和火山气体是圣海伦斯火山的 10 多倍。火山灰甚至覆盖了皮纳图博火山周围 4000 平方公里的区域。火山爆发导致 800 多人死亡，10 万多人失去了生活的家园。

　　不久之后，皮纳图博火山又恢复了往日的平静，仿佛一切都没有发生过。然而，谁也不知道它何时会再次爆发。

火山爆发时的喷出物

火山气体
水蒸气等气体

熔岩
喷出地表的岩浆

火山灰
岩石粉末和尘土

火山弹
岩浆团

熔岩

岩浆是地下深处的岩石和气体在高温
下融化形成的物质。岩浆喷出地表后，
其中的气体会逸散到空气中。熔岩就
是喷出地表后气体逸散了的岩浆。

　　如今，夏威夷还有正在喷涌熔岩的火山，如冒纳罗亚火山和基拉韦厄火山。还有一些较为温和地喷发着的火山，熔岩静静地流出地表，如河水般流动，偶尔火红的熔岩也会像喷泉一样喷向高空。

火山到底是怎么形成的呢？要想知道火山爆发的原因，就先要了解地球的内部结构。如同苹果的表皮一样，我们脚下的大地是地球的外壳，这层又薄又坚硬的外壳叫作地壳。地壳下面是地幔。地幔的下面则是地核。

地壳
位于地球的最外层，由坚硬的岩石组成。陆地上的地壳平均厚度为39~41千米，海洋处的地壳平均厚度为5~10千米。和地球的体积相比，地壳大约相当于苹果皮那么薄。

地幔
位于地壳的下面，由炽热的造岩物质组成。地幔的上部岩石部分熔融，这就是岩浆。

外核
地核的外层部分，熔化的金属物质在此翻滚沸腾。

内核
最中心的一层，是温度超过4500摄氏度的炽热固体金属球。

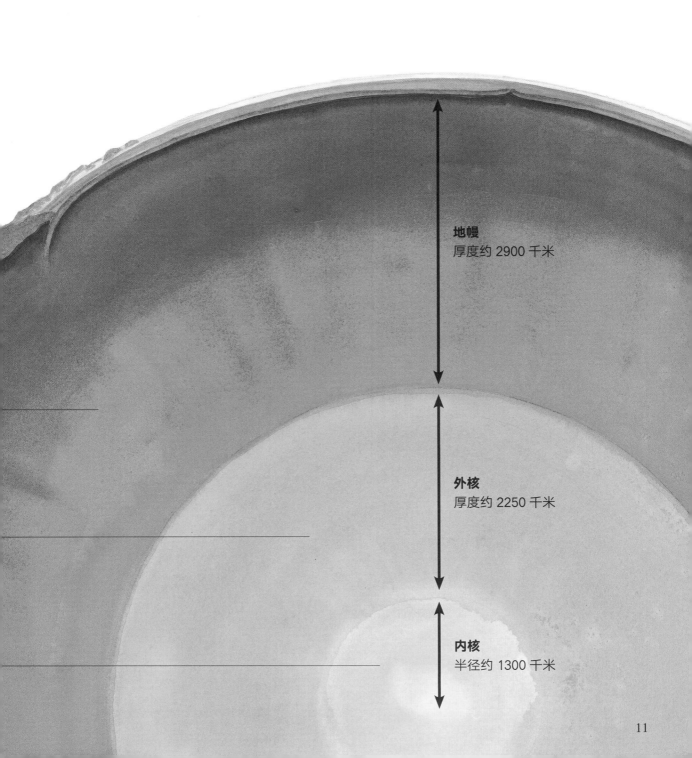

地幔
厚度约 2900 千米

外核
厚度约 2250 千米

内核
半径约 1300 千米

地壳与地幔最上方的坚硬部分组成了岩石圈，然而岩石圈并不是一整块，而是分裂成若干块碎片。这些地壳的碎片被称为"板块"。

▲ 火山

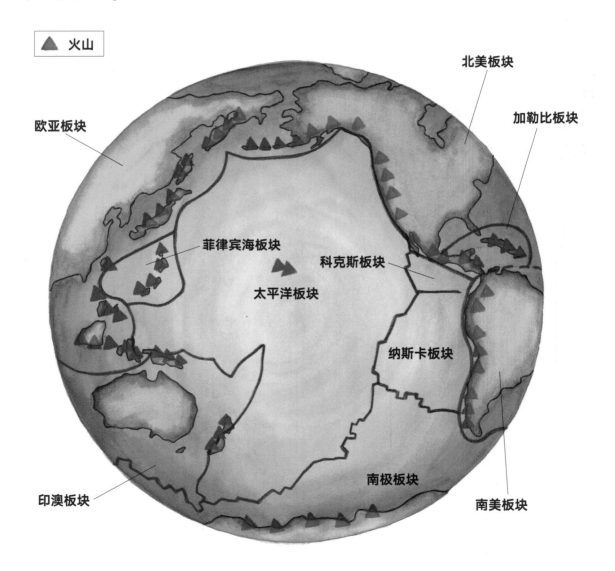

北美板块

加勒比板块

欧亚板块

菲律宾海板块

科克斯板块

太平洋板块

纳斯卡板块

南极板块

印澳板块

南美板块

板块漂浮在地幔上，在一点一点地移动。各个板块之间既会相互碰撞，也会相互远离。大部分火山都是在板块交界处形成的。

北美板块

欧亚板块

阿拉伯板块

非洲板块

印澳板块

南极板块

南美板块

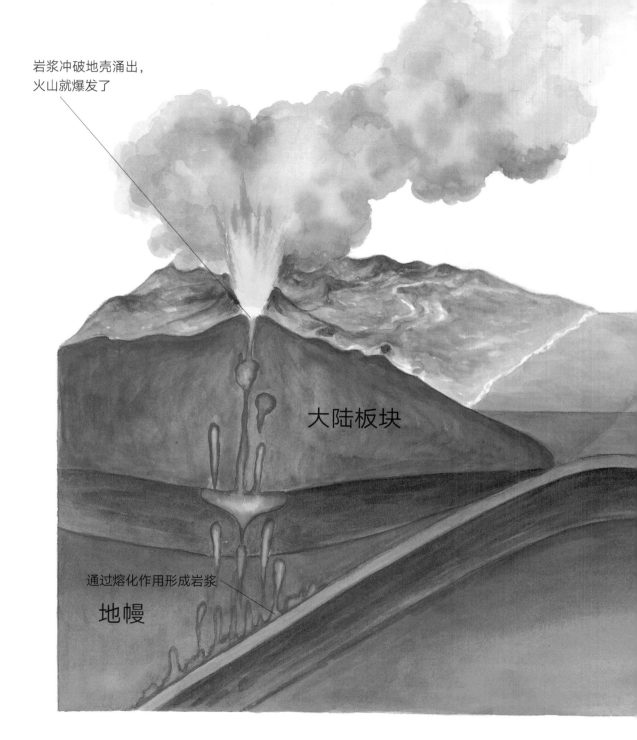

岩浆冲破地壳涌出，
火山就爆发了

大陆板块

通过熔化作用形成岩浆

地幔

肉眼可见的火山大部分出现在板块碰撞地带。如果两个板块互相碰撞，一个板块会被推挤到另一个板块的下面。由于碰撞的力量很大，原来板块上的老岩层被带到高温的地幔中，最后被熔化形成岩浆。这些聚积在地底的岩浆涌出地面，就造成火山爆发。

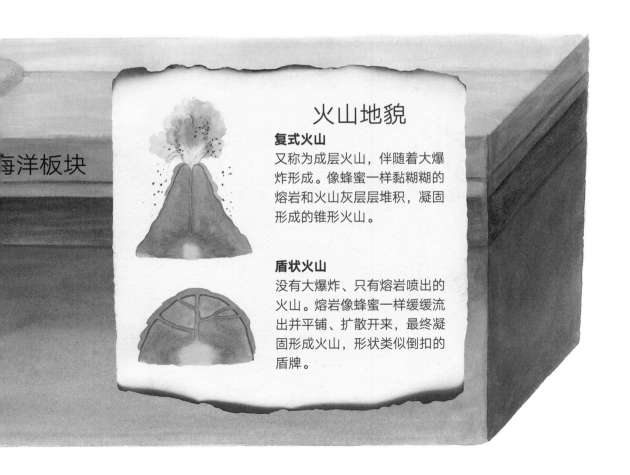

海洋板块

火山地貌

复式火山

又称为成层火山，伴随着大爆炸形成。像蜂蜜一样黏糊糊的熔岩和火山灰层层堆积，凝固形成的锥形火山。

盾状火山

没有大爆炸、只有熔岩喷出的火山。熔岩像蜂蜜一样缓缓流出并平铺、扩散开来，最终凝固形成火山，形状类似倒扣的盾牌。

而在板块相互远离的地带，地壳会出现裂缝。滚烫的岩浆从裂缝中涌出来，之后冷却，经过长时间的堆积就形成了巨大的海底山脉。

海底热泉
受板块运动影响，海底陆地出现裂隙，海水沿裂隙向下渗流，受岩浆热源的加热，又向上流动，向上喷发，形成了热液。这一现象于 1977 年由研究板块的科学家们发现。

超高温的海底热泉接触到冰冷的海水时，热泉中的矿物会沉淀下来，长年堆积后逐渐形成了烟囱一样的东西。这些烟囱不断地向外喷涌出温度高达几百摄氏度的热液。

生活在海底热泉周围的生物
在海底热泉周围滚烫的热液中仍有生物生存。科学家们为探明这些神秘生物们的奥秘，正在进行多种研究。

互相远离的板块

海底陆地存在带状裂缝，岩浆从这里涌出地壳，之后逐渐冷却凝固，形成新的地壳。新地壳较薄，岩浆会穿透它不断上涌，不断形成新的地壳，新的地壳推挤两侧板块，导致板块逐渐远离。

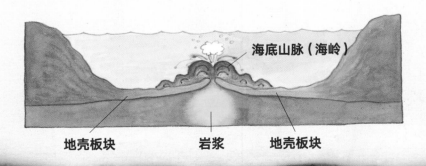

海底山脉（海岭）

地壳板块　　　岩浆　　　地壳板块

有的火山则是在板块中央形成的。在太平洋板块中央有一个十分灼热的地方，这里被称作"热点"。

由"热点"形成的火山和火山岛

板块处于"热点"上方时就会形成火山爆发，火山喷涌出的熔岩形成岛屿。当岛屿离开"热点"之后，新的板块又来到"热点"上方，形成新的火山和岛屿。夏威夷周围的岛屿都是这样形成的。冒纳罗亚火山和基拉韦厄火山之所以会喷发就是因为山体下方有"热点"的缘故。

①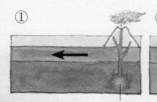

热点

②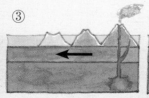

③ ④

热点不会移动。但热点上方的板块会一点点移动。岩浆通过热点上方的板块的缝隙向上涌出，形成火山。但是，如果板块移动偏离热点之后，就不会再涌出熔岩了。

大部分的火山爆发发生在以前有过爆发记录的火山上。但是，也有在平地上突然形成新火山的情况。1943年2月20日，在墨西哥一个名为帕里库廷的小村庄就发生了这样一件事。

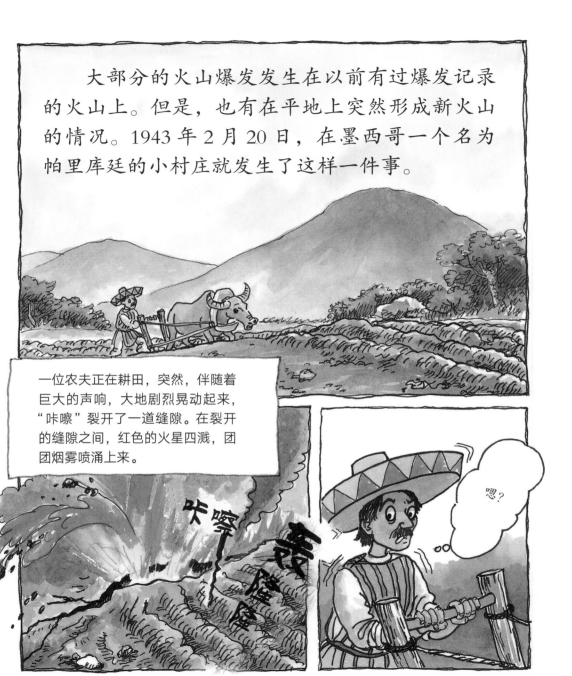

一位农夫正在耕田，突然，伴随着巨大的声响，大地剧烈晃动起来，"咔嚓"裂开了一道缝隙。在裂开的缝隙之间，红色的火星四溅，团团烟雾喷涌上来。

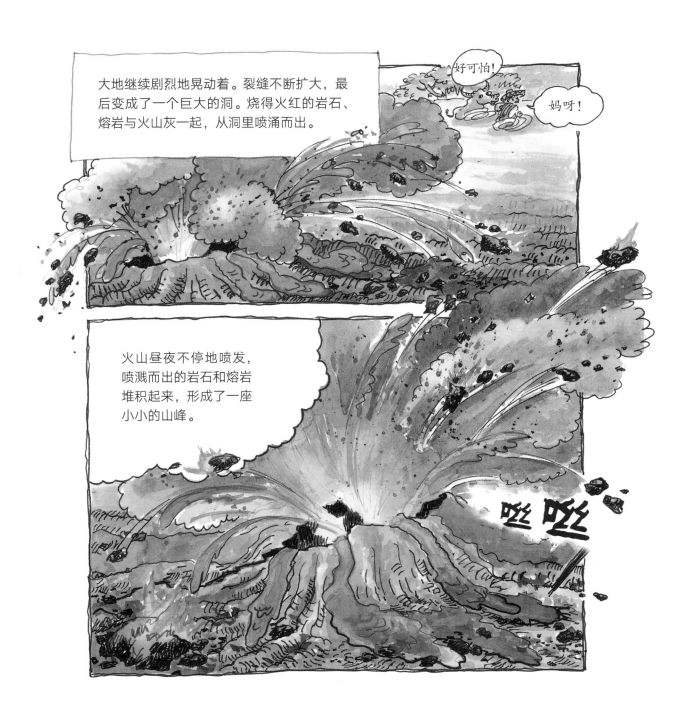

大地继续剧烈地晃动着。裂缝不断扩大，最后变成了一个巨大的洞。烧得火红的岩石、熔岩与火山灰一起，从洞里喷涌而出。

好可怕！

妈呀！

火山昼夜不停地喷发，喷溅而出的岩石和熔岩堆积起来，形成了一座小小的山峰。

咝咝

9 年后的一天，帕里库廷火山终于平静了下来，仿佛之前什么都没有发生过。这时帕里库廷火山的高度已达到了 424 米。9 年间，帕里库廷火山吞噬了周围许多村庄和无数农田。

地球上的火山多达数千个。有的火山至今仍在喷涌熔岩，但大部分火山已经停止活动。已停止活动的火山中，有一些可能还会再次爆发。

世界上海拔最高的火山湖泊——长白山天池

长白山天池是火山爆发后，冷却的熔岩和碎屑堆积在火山口周围，形成一个四边高的洼地，火山口积水而形成的湖泊，这种湖泊被称为"火口湖"。长白山天池是全世界海拔最高的火山湖泊。

①火山爆发形成宽阔平坦的盖马高原。

②再次爆发形成长白山。

③长白山山顶的火山口形成天池。

在中国，有名的火山有长白山和腾冲火山。这两座山是很久以前因火山爆发而形成的。长白山天池就是由于火山爆发后，火山口周围因冷却的熔岩和碎屑堆积，形成一个漏斗状的洼地，集水后形成的湖泊。

火山爆发时喷涌出的火山灰和熔岩会覆盖林田，把它们变成不毛之地；也会掩埋村庄，造成人员伤亡。但是火山并不是全然没有益处。火山周围的土地会因为富含养分的火山灰而变得肥沃，农作物可以茁壮生长。火山附近会形成许多温泉，还会形成十分壮观的自然地貌，把当地变成宜人的观光胜地。

城山日出峰
韩国济州岛最东部的山峰，
山顶有巨大火山口。

山房山
形似巨钟的火山。

石头爷爷
由熔岩凝固形成的岩
石——玄武岩制成。

柱状节理
熔岩冷却时形成的
石柱。

火山喷发形成的岛屿：韩国济州岛
济州岛是很久以前因火山喷发而形成
的岛屿，所以济州岛上到处都是火山
喷发形成的神奇地貌，并因此而成为
著名的旅游胜地。与长白山天池主要
由地下温泉汇聚成湖不同，汉拿山山
顶的白鹿潭是雨水积聚在火山喷发后
的火山口而形成的。

27

火山与火山岩

　　下面我们来了解一下如何区分火山和非火山，观察火山活动形成的岩石和火山爆发的样子。

脑力大比拼1

火山是什么样子的呢？

看下图，对火山与非火山进行比较，了解火山的特点。

火山

非火山

❶ 山峰凹陷的山（是火山　不是火山）。

❷ 山峰尖耸或鼓起的山（是火山　不是火山）。

❸ 不与其他山相连的山（是火山　不是火山）。

❹ 与其他山相连的山（是火山　不是火山）。

　　火山山顶留有熔岩和火山气体逸出的痕迹，因此山峰往往是凹陷的。非火山拥有因风化和侵蚀作用而形成的山谷，并与其他许多山峰相连。

答案：①是火山 ②不是火山 ③是火山 ④不是火山

因火山活动形成的岩石是什么样子的呢？

看下图，区分岩浆和熔岩，了解火山活动形成的岩石。

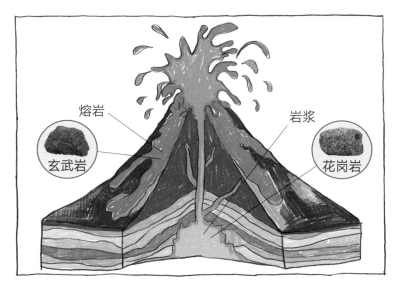

① 在高温的地下深处呈现熔融状态的物质叫作（岩浆　熔岩）。

② （岩浆　熔岩）因火山活动涌出地表后形成的物质叫作（岩浆　熔岩）。

③ （岩浆　熔岩）在地下深处冷却凝固，形成（花岗岩　玄武岩）。

④ （岩浆　熔岩）在地表冷却凝固，形成（花岗岩　玄武岩）。

由于火山活动而形成的玄武岩、花岗岩等岩石被称为"火成岩"，意为"由火创造的岩石"。

答案：①岩浆 ②岩浆，熔岩 ③岩浆，花岗岩 ④熔岩，玄武岩

● **科学实验室**

火山是怎样喷发的呢？

通过模型实验了解火山喷发的样子以及火山是如何改变地貌的。

第1步 在操场上放上锥形瓶，向里面倒入滚烫的热水。

第2步 向锥形瓶中分别放入五勺发酵粉和苏打。

第3步 然后，向锥形瓶中滴入洗衣液。

第4步 最后向锥形瓶中加入一小勺红色食用色素。

· 思考 ·

● 为什么要放入红色的色素呢？（   ）

答案：为了使颜色更接近岩浆的颜色

第**5**步 蒙住锥形瓶口，用力摇晃。

第**6**步 用沙子埋住锥形瓶，不要没过瓶口，堆成山的形状。

第**7**步 向锥形瓶中滴入几滴食醋。

第**8**步 滴入食醋后，观察会发生什么。

结论

❶ 发酵粉、苏打与（　　　）相遇后，锥形瓶中产生大量红色气泡并剧烈沸腾，溢出瓶外。

❷ 随着红色气泡聚积并溢出，沙堆的模样（改变了　没有改变）。

❸ 地下深处的（　　　）沸腾上涌形成火山爆发，熔岩随之流出，山的面貌（改变了　没有改变）。

答案：①食醋 ②改变了 ③岩浆，改变了

火山爆发

　　嘭！火山爆发，烟雾团团涌起，火红的熔岩流淌出来。火山爆发的确十分可怕。我们一起了解一下火山的各种形态和爆发的实例。

● 爆炸的火山，溢出的火山

　　受岩浆性质、火山通道形状、火山喷发环境等诸多因素的影响，火山爆发的形态是多样的。火山爆发形态大致可以分为中心式喷发、爆烈式喷发和裂隙式喷发。

　　中心式喷发 地下岩浆通过管状火山通道喷出地表，称为中心式喷发。又可细分为宁静式、爆烈式等等。宁静式火山喷发时只有大量的熔岩静静流出。夏威夷岛上的冒纳罗亚火山和基拉韦厄火山就是典型代表，人们甚至可以近距离地欣赏熔岩的流动。

　　爆烈式喷发 因岩浆中存在大量气体而引发剧烈爆炸。火山弹、火山灰伴随着岩浆喷涌而出。美国的圣海伦斯火山和菲律宾的皮纳图博火山都属于爆烈式喷发火山。

　　裂隙式喷发 岩浆不由火山口喷出，而是通过地表的长裂隙溢出而形成。

位于非洲刚果民主共和国的尼亚穆拉吉拉火山，喷出的熔岩流淌成了一条长长的河流。

尖耸的火山，平坦的熔岩台地

火山爆发的方式和熔岩的种类各有不同，形成了不同的地形地貌。

熔岩台地 主要因裂隙型火山活动形成。稀薄的熔岩大量流出后广阔铺开，形成平坦的台地。典型的熔岩台地有印度的德干高原，朝鲜的盖马高原等。

盾状火山 因喷出型火山活动形成。稀薄的熔岩广阔铺开，形成具有宽广缓和的斜坡的火山。夏威夷岛上的火山即是典型代表。

复式火山 又称成层火山。因爆烈式喷发火山活动形成，山势陡斜。由轮番喷出的熔岩、火山弹、岩石、火山灰等物质层层堆积而成。日本的富士山就是典型的成层火山。

寄生火山 大型火山的主火山通道阻塞后，少量岩浆从火山口内或火山旁侧的裂隙中喷出而形成。

菲律宾的皮纳图博火山，是20世纪喷发规模最大的火山之一，对全球气候都造成了影响。

尖耸的富士山形似斗笠

汉拿山山脚下的寄生火山

33

喷发规模最大的火山

历史上规模最大的火山喷发是 1815 年印度尼西亚坦博拉火山的爆发。坦博拉火山原海拔超过 4000 米，火山爆发后火山上部将近一半消失，现海拔仅为 2851 米。火山爆发时发出的巨响传出 2000 多公里远，火山灰覆盖了近 500 公里，遮天蔽日，整整三个白天昏暗如黑夜。

坦博拉火山爆发引发了世界各地的地震、台风等自然灾害。火山爆发时有数万人因此丧生，喷发后全球气温下降，北半球农作物歉收，因此死于饥饿的人达几十万。

新形成的火山

近来的火山爆发大都是之前爆发过的火山再次爆发。但也有 20 世纪新形成的火山，如 1943 年爆发的墨西哥帕里库廷火山。此外还有美国的诺瓦鲁普塔火山，1912 年首次喷发，是 20 世纪规模最大的火山爆发之一。

非洲最高的火山

非洲最高的火山是乞力马扎罗山，被称为"非洲屋脊"。乞力马扎罗山海拔 5895 米。尽管乞力马扎罗山位于赤道附近，但因海拔过高，山顶的火山口仍会常年积雪。

乞力马扎罗山由海拔最高的山峰基博，以及马文济、西拉三座成层火山组成。乞力马扎罗意为"发光的山"。

埃特纳火山海拔3326米，是欧洲海拔最高的活火山。

给人类带来益处的火山

火山也会给人类带来益处。因地下岩浆可以加热地下水，所以火山所在之处温泉也很多。因为有岩浆，火山附近地面热量很高，可以建造发电所，利用这些热量发电。火山灰掺在泥土中可使土地变得肥沃，由火山岩变化而成的土壤也十分肥沃，因此火山附近非常适宜耕种农作物。火山活动形成的火山岩可用来建造房屋和制造许多生活用品。另外，火山活动造成的神奇地貌还可成为绝佳的旅游资源。

被火山灰覆盖的车辆

地震和火山爆发同时发生

和火山一样，地震也通常发生在板块交界处。板块之间的错动或碰撞会导致大地剧烈晃动，这就是地震。

大型地震发生会导致楼房倒塌，火灾四起，城市会变为一片废墟。严重时还可能会造成山体滑坡、地面开裂。如果海底发生地震则会引发海啸，给滨海区域带来巨大危害。

日本神户大地震造成列车脱轨

启明星科学馆

天气是个淘气鬼

韩国好书工作室 / 著　　南燕 / 译

浙江教育出版社·杭州

我和哥哥一起来海边玩。
　　哥哥骑着自行车飞快前行，风筝
在我身后高高飘起。

　　海风很凉爽。我们解开风筝的线，把它放飞到空中。风筝乘着微风越飞越高，载着美丽的梦想飞向碧蓝的天空。

那么，风是怎么产生的呢？

空气变暖后由于质量变轻会往上流动，变冷后就会由于质量变重而向下流动。

在阳光直射的地方，空气受热上升，周围的冷空气就会汇聚过来填补空缺。空气这样流动的时候就会产生风。

空气受热会上升

大家试着在一根棍子的一边系上小纸条，把它放在火炉上方，可以看到纸条向上飘动。这是因为火炉上方的空气受热质量变轻，往上流动了。

空气从低温处向高温处流动，这就形成了风

使用如图所示的对流箱来观察空气的流动。

蚊香的烟气会向热沙子这边流动。沙子上方的空气受热质量变轻，从而向上流动，冰块上方的冷空气就会向沙子的方向流动，填补热空气原来的位置。空气就这样从低温处向高温处流动，形成了风。

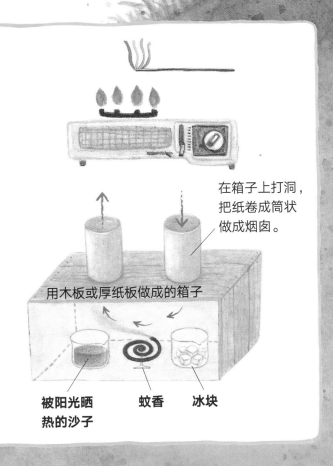

在箱子上打洞，把纸卷成筒状做成烟囱。

用木板或厚纸板做成的箱子

被阳光晒热的沙子　　蚊香　　冰块

　　太阳火辣辣的，沙粒明亮闪烁。在同样的阳光照射下，陆地的温度会比海水的温度上升得快。陆地上方的空气会先变热、变轻而上升，大海上方的冷空气则向陆地方向流动。所以，白天的海边会吹来凉爽的海风。

但是到了晚上，陆地的温度会比大海的温度下降得快。所以大海上方的空气变得比陆地上方的热，这时风就会由陆地吹向大海。

只要一个地方的温度比另一个地方的温度上升或下降得快，产生温差，空气就会开始流动，从而形成风。

风渐渐大了起来，吹着风筝飞向更高的地方。风筝线绷得更紧了，空中的云也慢慢地多了起来。

云是怎么形成的呢？

在阳光照射下，大海、江河、湖泊中的水和地面上的水温度升高，变成水蒸气飘向空中。

　　水蒸气与热空气一起飞向高空，
热空气在上升过程中逐渐冷却，水
蒸气遇到冷空气则凝结成小水滴，
小水滴聚集在一起就形成了云。

今天你都看到了什么样的云呢？

漂浮在高空中的丝缕状的云是卷云，云朵块轮廓分明的是高积云，像柱子一样从地面高耸而起的云是积雨云。

积雨云形成后，天空就会电闪雷鸣，这意味着要下雨了。

飞机云
飞机飞行时会喷出气体，其中的水蒸气遇到周围的冷空气凝结成小水滴，就形成了飞行云。

各种各样的云

根据飘浮高度和形状，云的名称也各不相同。高度最高的云被称为"高云"，高云按照形状又可以分为"卷云""卷层云"和"卷积云"。高云下方的云被称为"中云"，中云可以按照形状分为"高积云"和"高层云"。飘浮在云层最下方的云被称为"低云"，低云可以按照形状分为"层积云"和"层云"。此外，还有一种云从接近地面的位置垂直向上高耸，被称为"积状云"，这种云又可以按照形状分为"积云"和"积雨云"。

积雨云飘过来了。
稀里哗啦，雨水瞬间倾泻而下。

为什么云中会有雨水降落呢？

构成云的水滴又小又轻，一般不会轻易掉落——据说 100 万个小水滴凝聚在一起才能形成一滴雨。随着云量的增加，小水滴聚集在一起，变得越来越大，越来越重。等水滴重到无法在空中飘浮时，就会变成凉爽的雨从天而降。

水蒸气升到空中，形成云。

18

水滴凝聚在一起从天而降，形成雨。

19

高空的气温非常低，云里充满了小冰晶和水蒸气。水蒸气凝结在小冰晶上，小冰晶变重后就会掉落。在掉落的过程中，水蒸气还在不断地凝结到冰晶上，冰晶越变越大，最终形成了雪。

云中的水滴凝结成冰晶，在掉落过程中形成了冰雹的冰核。冰核在掉落过程中遇到风，就会被吹回高空。在反反复复上升下降的过程中，冰核周围会附着更多的水滴，逐渐形成较大的冰块，这就是冰雹。

天气如此多变，因此大家回到家后要记得收看天气预报。我们可以通过观察气温、湿度、风向、云量等来了解天气的变化。气象部门的工作就是收集上述信息，向人们预报天气。

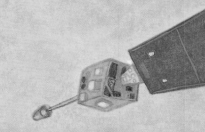

通过人造卫星
收集气象信息

收集海上气象信息

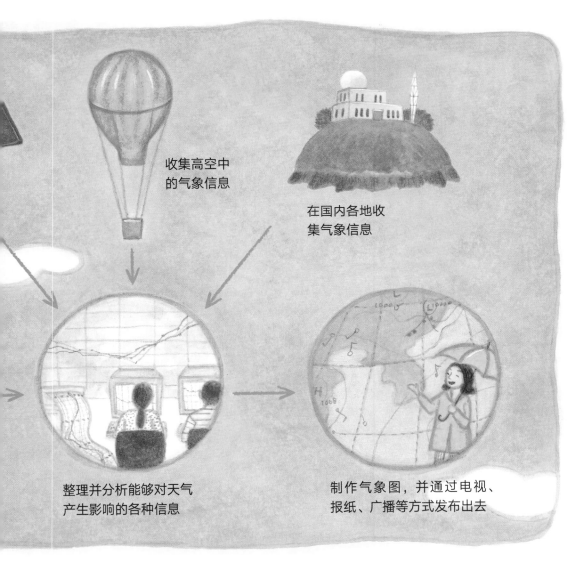

收集高空中
的气象信息

在国内各地收
集气象信息

整理并分析能够对天气
产生影响的各种信息

制作气象图，并通过电视、
报纸、广播等方式发布出去

天气预报

　　提前了解天气状况是非常重要的。我们在听了天气预报后，可以更好地决定出门带不带雨伞、要不要穿厚衣服。如果天气预报说台风即将来袭，那么出海的所有船只都要回到港口躲避，飞机也不能起飞。如果未能收到台风要来的预报，贸然决定出海或者起飞，那就有可能发生船只沉没、飞机坠毁等严重事故。

　　不一会儿，雨过天晴，蓝天上飘着朵朵白云。天气预报说明天阳光明媚，风和日丽，将是一个难得的好天气！

天气与我们的生活

让我们来了解一下天气与我们生活的关系，以及风向、风力等有关知识。

脑力大比拼 1

天气是如何影响我们的生活的？

看下图，了解天气与我们的生活有什么关系。

A 　　B 　　C

① 上面三种天气中让人感觉神清气爽，适合在体育场做运动的天气是（　　　）。

② 洗好的衣服不容易晾干，出门要带雨伞的天气是（　　　）。

③ 风力强劲，空气中尘土飞扬，不适合出海捕鱼的天气是（　　　）。

④ 天气对我们的生活（有影响　没有影响）。

　　天气既会给生活带来便利，也会造成不便。晴朗的天气会使人心情愉快，适合户外运动。没有太阳的阴天让人感觉凉爽，干累活也不怎么出汗。下雨天衣服不容易晒干，出门必须要带雨伞。风大的天气不适合出海捕鱼。

答案：① A　② B　③ C　④有影响

收看天气预报，描述天气状况。

下图是某地的天气预报，看天气预报了解天气状况。

日期	今天		明天（6 月 27 日 星期六）								后天（6 月 28 日 星期日）							
时刻	21	24	03	06	09	12	15	18	21	24	03	06	09	12	15	18	21	24
天气	 ☀	☀	☀	⛅	⛅	☀	☀	⛅	⛅	☁	☁	☁	⛅	⛅	⛅	☁	☂	☂
降水概率（%）	10	10	10	22	22	22	22	22	22	30	30	30	22	22	21	30	60	60
气温（℃）	25	24	23	22	25	28	30	29	26	24	24	23	25	28	28	26	24	23
最低 / 最高气温	-/-		22/31								23/29							
降水量	-		-			-			-			-					5~9mm	
风向 / 风速	↗2	→2	→3	→2	↗1	↗1	↗1	↗2	↗2	→3	↗2	↗1	↗1	↗2	↗2	↗2	↗2	↗3
湿度（%）	60	74	75	83	64	53	59	68	78	80	85	88	77	69	64	78	86	91

❶ 今晚的天气是（晴天　阴天）。

❷ 6 月（　　　）日有可能会下雨。

❸ 在描述天气时，我们常使用（　　　）、云量、风向与风速等用语。

❹ 天气每天（都会变化　不会变化）。

在了解天气时，要观察气温、风向、风速与云量等数据。连续观察几天内的天气情况，我们就会发现天气每天都是在变化的。

答案：①晴天　②28　③气温　④都会变化

● **科学实验室**

怎样才能知道风向与风速？

风会给我们的生活带来很多影响。风可以帮助我们晾干衣服和谷物。但如果风太大，我们就很难在户外活动，船只也不能出海。制作简易的风速计，了解风向和风速是如何测量的。

第 **1** 步 把气球系在小棍上，制成简易的风速计。

第 **2** 步 分别在教室和操场观察气球的动向。

教室里气球的运动幅度
（大　小）。

操场上气球的运动幅度
（大　小）。

· 思考 ·

● 通过不同环境中气球的运动幅度我们能了解到什么？

（风向　风速）

实验答案：2. 小，大 / 思考答案：风速第**3**步 在操场举起简易风速计，观察一段时间，会发现气球的方向发生了变化。

·思考·

● 气球飘动的方向发生了变化，据此我们能了解到什么？

（风向　风速）

结论

❶ 气球的运动幅度可以使我们了解风的（　　），气球越向下倾斜说明风力越小。

❷ 气球方向的变化可以使我们了解风的（　　），气球会向与风向相反的方向飘动。

❸ 通过气球的运动我们可以了解（　　）的方向和速度。

 小博士告诉你

　　衡量风的指标有风向和风力等级。风向是指风吹来的方向，风速是指风的大小。风速计通过风车转动的速度来测定风力大小，风向仪则通过箭头的指向来告诉我们风向。

风杯式风速计

风向仪

实验答案：风向／结论答案：①速度 ②方向 ③风

天气是如何变化的?

天气会因昼夜和季节发生变化,给我们的生活带来巨大的影响。让我们来了解一下与生活密切相关的天气是如何变化的吧。

太阳——导致天气变化的根本原因

天气变化不断,有时烈日当头,有时大雨倾盆。造成天气变化的根本原因是太阳。阳光加热空气使气温升高,气温高的地区与气温低的地区之间空气流动形成了风。此外,太阳还使地表的水蒸发到空中形成云,云又变成雨重新落回大地。

云中的水滴或冰晶凝聚在一起,形成雨或雪降落到地表

阳光使两地气温出现差异,形成风

阳光使海洋和陆地上的水分蒸发为水蒸气

雨水或蒸发,或汇聚到河水中流入海洋

百叶箱里有什么?

我们可以在气象观测站里看到百叶箱,甚至在学校里也经常能看到它的身影。为了使空气能更好地进入,百叶箱的箱体由许多板子黏合而成,叶板与水平面呈45°倾角。百叶箱一般放置在草地上,箱门朝向北面,箱内放置测量气温的温度计和测量湿度的湿度计。百叶箱的整个箱体都被油漆刷成白色,这是为了最大限度减少阳光的直接照射。温度计和湿度计一般被设置在距离地面1.2~1.5米的高度,因为这种高度测量的温度和湿度都比较准确。

百叶箱与温度计

在韩国发现的清乾隆年间的量雨器。

如何测量降水量?

像雨雪这样从天空降落到地表的液态或固态的水被称为降水。雨夹雪、霰、冰雹、霜都属于降水。表示降水量的单位是毫米(mm)。

测量降水量时也需要记录降水的持续时间,这是因为一整天下100毫米雨和一小时下100毫米雨的意义完全不同。雪或冰雹等固态的降水需要测量融化后的水量。

· 影响中国的季风

中国冬天受干燥寒冷的西北风影响，夏天受温热潮湿的东南风影响。这种随季节改变风向的风被称为"季风"。季风产生的原因是大陆和海洋之间的温差，这与白天吹海风、晚上吹陆风的原理是相同的。

夏季风
夏天吹来自太平洋的东南风。

· 每年都来拜访的梅雨

每年6月，在中国的长江中下游地区，天气持续阴沉，频繁降雨，这种现象被称为梅雨。在这个梅子成熟的时节，来自太平洋的暖气团北上，在长江中下游地区遇见北方的冷气团，两种气团相遇形成了"锋面"。锋面与地面的交线称为"锋线"，简称为"锋"。当冷、暖气团势力相当时，锋面呈静止状态，我们将这种锋称为"准静止锋"。在两个气团的交界处，也就是"锋"的位置会形成丰富的降水。

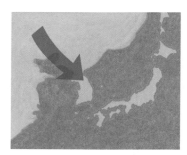

冬季风
冬天吹来自西伯利亚的西北风。

· 为什么会刮台风？

热带地区的海水受到太阳直射温度升高，其上方的空气携带大量的水汽变轻上升，周围的冷空气便会向这里流动。因地球自转的缘故，北半球的气流会向右偏，南半球的气流会向左偏。这样，聚集在一起的空气在上升的过程中会向四周扩散。由于汇聚的空气少于扩散的空气，因此中心处的空气会变得稀薄，形成强大的低气压中心，进而形成台风。

人造卫星拍摄的热带气旋

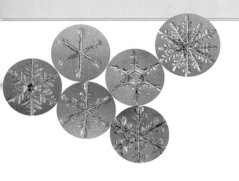

形状千奇百怪的雪花

雪花是极其微小的冰晶凝聚在一起形成的。所有的雪花大体上都是六边形的，但其具体形状则有所不同。

形状不一的雪花

高空中的云里不仅有水滴也有小冰晶，冰晶上附着了水蒸气后就会变重而降落。在降落过程中冰晶如果融化，就会变成雨，如果没有融化就是雪。冰晶在降落时不断有水蒸气凝结在上面，形成美丽的六边形雪花。

就像人的指纹一样，世界上没有两片完全相同的雪花。雪花的形状主要是由气温与湿度决定的：气温和湿度越低，雪花的形状就越简单；气温和湿度越高，雪花的形状就越复杂。

云的命名方法

云，主要根据其高度和形状来命名。依据高度来看，距离地面5~13千米的被称为高云，2~5千米的被称为中云，2千米以下的被称为低云。此外还有从地面附近垂直高耸的积状云。

依据形状来看，堆积在一起高耸向上的云，名字中会有一个"积"字；平铺在天空中的云，名字中会有一个"层"字，看起来马上就要下雨的云名字中会有一个"雨"字。

积云

卷云

雨层云

层积云

启明星科学馆

第一辑

生命科学

植 物
池塘生物真聪明
小豆子长成记
植物吃什么长大？
花儿为什么这么美？
植物过冬有妙招
小种子去旅行

动 物
动物过冬有妙招
动物也爱捉迷藏
集合！热带草原探险队
动物交流靠什么？
上天入地的昆虫
哇，是恐龙耶！

人 体
小身体，大秘密
不可思议的呼吸
人体细胞大作战
我们身体的保护膜
奇妙的五感
我们的身体指挥官
食物的旅行
扑通扑通，心脏跳个不停

第二辑

地球与宇宙

环 境
咳咳，喘不过气啦！
垃圾去哪儿了？
脏水变干净啦
濒临灭绝的动植物

地 球
天气是个淘气鬼
小石头去哪儿了？
火山生气啦！
河流的力量
大海！我来啦
轰隆隆，地震了！
地球成长日记

宇 宙
地球和月亮的圆圈舞
太阳哥哥和行星小弟
坐着飞船游太空

生命科学

生 物
机器人是生物吗？
谁被吃了？

物质科学

能 量
寻找丢失的能量

机器人是生物吗?

韩国好书工作室 / 著　　南燕 / 译

浙江教育出版社·杭州

"这个生日礼物真酷！"
"哇，好帅的机器人！"
"这可是不用电池就能工作的机器人哦。"
"给它吃糖果就可以动吗？"

4

老师带大家观看了一部
有趣的电影，电影讲的是机
器人和人类之间的友情。

看完之后，大家围绕
"生物与非生物"这个话题
展开了讨论。

老师先讲了话：

我们身边有各种各样的事物。像金鱼、花这些有生命的，我们叫它们生物；像书本、钢琴这些没有生命的，我们叫它们非生物。那么，电影里的机器人 Coco 到底是生物还是非生物呢？

会动的东西都是生物。

人、金鱼、蚂蚁、蚯蚓都是生物，因为他们都会动。

Coco 也会动，所以它是生物。

那也就是说，会动的东西就是生物，不会动的就不是生物喽？

不对呀。玩具车、表针都会动，可它们不是生物。大树虽然不会动，但它是有生命的。

嗯。生物有会动的，也有不会动的。有的东西虽然会动，但未必是生物。那么，到底什么是生物呢？

　　生物都要吃饭、喝水，非生物就
不用吃东西。Coco 吃糖果，而且还有
力气，所以它是生物。

　　　　　　　　　是生物就要呼吸。
　　　　　　但 Coco 不用呼吸，所以
　　　　　　Coco 不是生物。

生物都会长大，非生物不会长高也不会长胖。Coco 的身体不会再长大了，所以它**不是生物**。

生物都会繁殖后代。比如，大狗会生小狗，花儿会长出种子。Coco 不会生孩子，所以它**不是生物**。

哇！关于生物和非生物的不同，小朋友们懂得真多呀！我们来把大家刚才的讨论总结一下吧。

第一，生物能够自己摄取能量、利用能量。

任何生物要想存活下去，都得从养分中获取能量。至于获取养分的方式，动物和植物各有不同。阳光、水和二氧化碳都可以用来制造养分，植物吸收了这些养分就能长大。动物则要通过进食获得营养，从而制造能量。

吧唧！

第二，生物会繁衍后代。

动物会下蛋、产卵或生下幼崽。植物会通过种子或孢子来延续物种。

种子

孢子

种子

博士就是我的爸爸吗?

第三，生物会生长发育。

小鸡、小牛犊慢慢长大，小朋友长成大人，种子长成大树，这就是生长。有生命的个体都是要长大的。

我的个子一直是这么高。

动物的幼崽、卵或蛋，以及植物的种子，长大成熟直到可以繁殖后代的过程，就是生长。

第四，生物具有特殊的生理结构。

非生物通常被叫作物体，而构成物体的原料叫作材料。比如，自行车就是物体，而组成自行车的橡胶、皮革、铁、塑料等就是材料。但生物不是由材料组成的，而是由细胞这种特殊结构组成的。

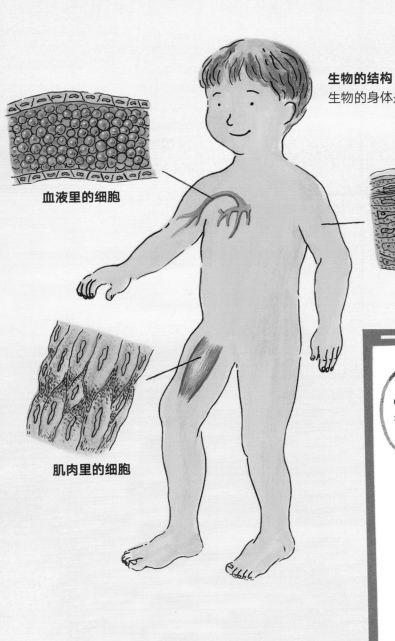

血液里的细胞

生物的结构
生物的身体是由细胞组成的。

皮肤里的细胞

肌肉里的细胞

Coco 是由材料组成的。

第五，生物是会活动的。

活动也是生物特有的属性之一。植物总是长在一个地方，所以很容易被误认为是不活动的。其实，植物也在活动。

我也会跑啊……

有些植物的活动轨迹非常明显，比如含羞草和食虫植物；有些却非常隐蔽，只有通过显微镜才能观察到。

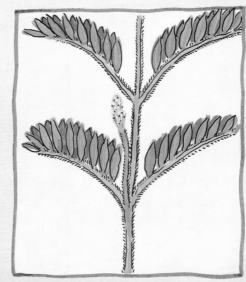

含羞草的运动 用手轻碰叶片，含羞草就会蜷缩起来。

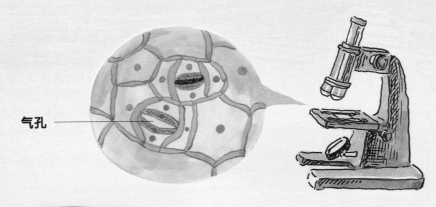

气孔

气孔的运动
叶子背面的表层
有气孔，气孔会
张开和闭合。

第六，生物是不断进化的。

人类原本用四肢爬行，后来逐渐进化成用两条腿直立行走。由于地壳运动频繁，早期人类开始到草原地带生活。为了更好地散热，他们身上的毛发逐渐褪去，进化成了今天的模样。

第七，生物受到外界的刺激时会做出反应。

生物通过适应的过程来应对环境的变化，从而维持自己的生命。

如果不能适应环境的变化，生物物种就会灭亡。

啄木鸟

吃昆虫的鸟类

如欧洲雨燕、燕子、济州山雀、北红尾鸲（qú）等，这类鸟的嘴边缘长有坚硬的毛，嘴形细长，便于捕食。

吃鱼、贝壳和虾的鸟类

如黑色燕鸥、红胸秋沙鸭、淡水鸬鹚、白腰杓（sháo）鹬等，这类鸟的嘴通常是钩子状或者锯齿状的。

鸟喙（huì）的形状

鸟喙形状的进化和它们所吃的食物有关。这就是动物适应自然的实例。

鹬（yù）

鹰

吃肉的鸟类

如鹰、秃鹫等，这类鸟的嘴短而有力，边缘尖锐锋利，能够更好地撕扯肉类。

25

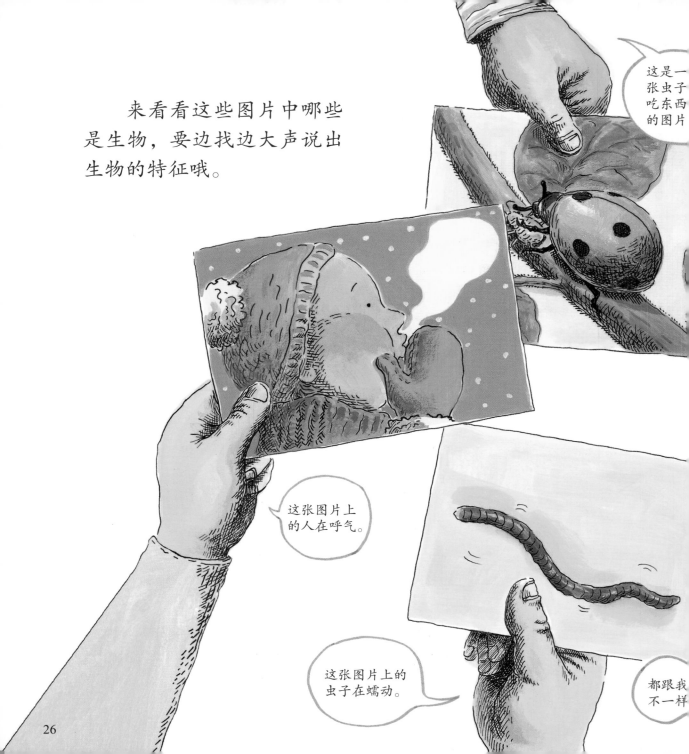

来看看这些图片中哪些是生物，要边找边大声说出生物的特征哦。

26

27

生物的特点

了解动植物生长的过程，以及生物和非生物的特点。

脑力大比拼 1

生物和非生物之间有什么不同？

❶ 生物（会呼吸　不会呼吸），非生物（会呼吸　不会呼吸）。

❷ 生物（会繁殖　不会繁殖），非生物（会繁殖　不会繁殖）。

❸ 生物（会生长　不会生长），非生物（会生长　不会生长）。

> 　　就像猫咪一样，所有的生物都会呼吸、生长、繁殖后代。但是非生物与生物不同，它们不会呼吸，不会生长，也无法繁殖。

答案：①会呼吸，不会呼吸 ②会繁殖，不会繁殖 ③会生长，不会生长动物和植物有什么不同？

观察下图中的动物、植物，找出它们的区别。

① 动物通过生蛋或产下（幼崽　种子）进行繁殖。

② 植物通过（幼崽　种子）或孢子进行繁殖。

③ 动物（能　不能）自己制造养分，要靠吃别的动物或植物生存。

④ 绝大多数植物（能　不能）自己制造养分。

　　动物会生蛋或生下幼崽，以其他动物或植物为食，对外界刺激的反应迅速。植物靠散播种子或孢子来繁殖后代，可以自己制造养分，对外界的刺激反应缓慢。

答案：①幼崽　②种子　③不能　④能

• 脑力大比拼 3

动物是依据什么进行分类的呢？

下面 3 组动物已经根据生活场所进行了分类。观察它们都在哪里生活。

❶ 是在（水中　陆地　天上）生活的动物。

❷ 是在（水中　陆地　天上）生活的动物。

❸ 是在（水中　陆地　天上）生活的动物。

　　根据栖息地的不同，动物大致可以被划分为水生动物、陆生动物和飞行动物三类。青蛙和鲵鱼等两栖类动物既可以在水中生活，也可以在陆地上生活。

答案：①水中　②陆地　③天上

生活在不同栖息地的动物有哪些特点呢?

在相似的环境里生活的动物,一般具有相似的特征。了解在不同地方生活的动物各自具有哪些特征。

① **水生动物**的身体是(流线型 四边形)的,在水中生活,用(肺 腮)呼吸。

② **飞行动物**的全身被(鳞片 羽毛)覆盖,有(翅膀 鳍)。

③ **陆生动物**的身体上有(腿 腮),在(水中 空气中)呼吸。

在陆地上生活的大部分动物都有腿,当然也存在像蛇和蚯蚓这些没有腿、在地上爬行的动物。除此之外,有些鸟有翅膀却不会飞,比如鸵鸟。相反,有些非鸟类动物身体的一部分可以像翅膀一样展开,在空中飞翔,比如蝙蝠和飞鱼。

答案:①流线型,腮 ②羽毛,翅膀 ③腿,空气中

它们可以被称为生物吗？

活着，意味着什么呢？

我们虽然都活着，但几乎从未想过"活着"的含义。现在，我们从生物和非生物的区别入手，来了解生物独有的特点。

· 由细胞组成的生物

无论植物还是动物，所有的生命体都是由细胞组成的，并通过细胞进行生殖和遗传等多种多样的生命活动。而非生物是由材料组成的：剪刀是非生物，由铁和塑料等材料制作而成；运动鞋是由布、橡胶和塑料等多种材料制作而成的。

生物由细胞组成。

非生物由材料组成。

· 繁殖与生长

牛和猪产下幼崽，鸟和鱼产卵，蒲公英和紫茉莉结出种子或果实。生物就这样生产幼小的个体，延续自己的物种，我们把这种现象叫作繁殖。幼崽逐渐长大，种子萌发成为秧苗。它们不仅体积和重量会增大，成熟后还可以进行新的繁殖活动，这就是生长。在这个过程中，细胞的体积变大，分裂数量增加，最后形成组织和器官。

生长是所有生物的特征之一。

生物会对外界的刺激做出反应

植物的叶子大多会朝着有光的方向生长，动物在感受到周边有危险或受到惊吓时会主动躲避，这些行为都是生物根据外界刺激所做出的反应。这也是生物独有的特性。

刺激与本能

人和动物都有与生俱来的行为特性，叫作"本能"。正如小鸡会破壳而出，本能不是被谁教会的，而是从出生那一刻起就已存在的行为习惯。人看到好吃的东西会流口水，发现有物体朝自己飞来会眨眼睛，这些行为都是身体对外界刺激所做出的应激反应，而且根据刺激程度的不同会有不同的表现。老鼠害怕有关猫的一切，连看到猫的影子都要逃跑，这叫作"逃

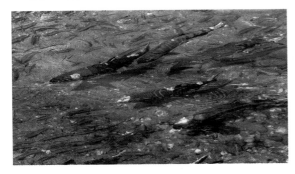

鲑鱼的洄游本能

生本能"。鲑鱼每到产卵的时候就要游回自己出生的地方，蜜蜂在交配时总会摇晃尾部跳起"8"字舞，候鸟会在不同的季节有序迁徙，诸如此类的行为都是出自本能。

生物可以合成能量

生物直接吸收、储备能量或通过分解、储存的物质来获取能量的过程，叫作"代谢"，这也是生物的重要特性之一。植物的叶子接收阳光，利用根部吸收的水分和空气中的二

树木通过光合作用释放氧气，使空气变得清新。

氧化碳合成淀粉，这种"光合作用"就是物质代谢的一种。光合作用不仅能把光能转化为生物能储藏起来，还可以制造氧气。树林里的空气总是格外新鲜，就是因为树木通过光合作用释放出大量氧气的结果。

• 生物可以适应环境

生物通过适应环境来维持生命。鲦（tiáo）鱼、中华蚱蜢、青蛙、变色龙等动物的身体颜色都与周围环境相似，因此不容易被天敌发现。尺蠖（huò）和竹节虫的身体看起来就像一截树枝，连外形都与周围环境相似。还有一些生物会用更有效的方法来保护自己。比如，金凤蝶幼虫和南方孔雀蛱（jiá）蝶会用巨大且鲜艳的眼状花纹来威吓其他动物。当然，并非只有动物才懂得保护自己。大蓟（jì）的叶片边缘就长有尖刺，使其他动物无法轻易吞食。

人类也是如此。环境不同，生活方式也存在差异。生活在热带地区的人会利用周围的树木建造房屋。他们将房屋建造在高处，以避开地表的热气。生活在因纽特等寒带地区的人，用冰块建成"冰屋"。生活在沙漠中的人，最主要的交通工具是骆驼，他们聚居在绿洲附近。

骆驼背上的大驼峰里储存着脂肪，因此可以坚持几天不进食。

共生 蝴蝶和花彼此有利，共同生存。

• 生物之间的关系

生物之间的关系大体可以分为以下4种：

1. 共生关系：两种不同的生物对彼此有利，共同生存。如蝴蝶和花、鳄鱼和牙签鸟、海葵和小丑鱼等。

2. 寄生关系：只对一种生物有利。一种生物附着在另一种生物的身体上，以获取养分。如寄生在人类肠胃中的寄生虫，寄生在枯树上的蘑菇等。

3. 捕食与被捕食的关系：即吃与被吃的关系，如蜘蛛捕食蜻蜓、瓢虫捕食蚜虫等。

4. 竞争关系：两种生物为争夺食物、配偶、栖息地等互相竞争，如山雀与麻雀、香鱼与刺鱼。

寄生 蘑菇附着在枯木上吸收养分。

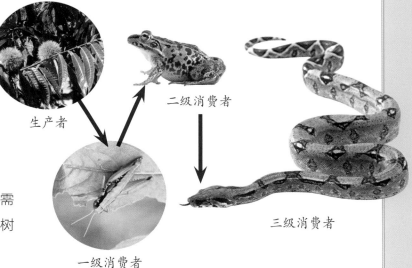

生产者

二级消费者

一级消费者

三级消费者

生物的分类

1. 生产者：指可以自行制造所需养分的生物。如稻子、向日葵、栗树等都属于生产者。

2. 消费者：不能利用太阳能制造养分，只能从生产者制造的有机物中获得营养和能量的生物。消费者分三级，以植物为食的生物是一级消费者，以一级消费者为食的生物是二级消费者，以二级消费者为食的生物是三级消费者。蚂蚱、牛、蛇、狮子等都属于消费者。

3. 分解者：指以死去的生物为食的细菌和真菌。它们将死去的生物分解为细小的物质并释放到环境中。如果没有分解者，地球上将堆满了生物的尸体。

介于生物与非生物之间的病毒

感冒、小儿麻痹、艾滋病等疾病都是由病毒引起的。病毒由核酸和几种蛋白质（占比99%）组成，十分微小，甚至能够在细菌过滤器中畅行无阻。病毒并不具备细胞的形态，也没有器官，因此无法进行独立的物质代谢，只能作为蛋白结晶而存在。但如果病毒进入活着的细胞，就能像生物一样合成物质并进行繁殖。

因此，病毒既具备生物的特性，也具备非生物的特性。

启明星科学馆

小石头去哪儿了？

韩国好书工作室 / 著   南燕 / 译

扫码听音频

浙江教育出版社·杭州

在海边的沙滩上捡美丽的小石头。它们的颜色五彩斑斓，有白如雪的，有黑如墨的，有琥珀色的……它们的形状也千差万别，有圆圆的、尖尖的，还有扁扁的。每块小石头都闪闪发亮，尽显各自的风采。那么这些漂亮的小石头都是从哪儿来的呢？

有着美丽花纹的小石头

洁白如雪的小石头

黑如墨的小石头

琥珀色的小石头

3

大概在几百万年甚至几千万年前，高山上有一些巨大的岩石。它们纹丝不动，似乎会永远停留在那里。

灼热的阳光把岩石烤热，寒冷的风雪把岩石封冻。在这反复冰冻与加热的过程中，岩石逐渐出现裂缝。

大雨倾盆，狂风呼啸。碎沙细土被狂风吹起，被雨水冲走。裂开的岩石变成了一块块碎石，沿着溪谷滚落下来。

溪谷里的石头很大，而且棱角尖锐。

下大雨时，碎石会被流水卷走，一点一点地被冲到下游。在这个过程中，碎石之间互相碰撞，碎成更小的块儿，尖尖的棱角也会被磨平，逐渐变得光滑。

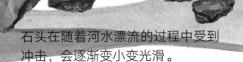

石头在随着河水漂流的过程中受到冲击，会逐渐变小变光滑。

河流下游或者海边的石头又小又光滑。

9

　　岩石从山上滚落后，又过了几十万年，甚至几百万年的时间。有的岩石变成了漂亮的小石头，也有的变成了砂粒，变成了泥土，来到海边。

　　那么，石头的旅行结束了吗？

　　不，石头的旅行一直在继续。

哗——哗——波涛不
停地拍打着海岸。随着翻
涌的波涛，小石块、砂粒
和泥土被卷入海中，最后
沉入深深的海底。

13

石块、砂粒和泥土不断沉积到海底。几百万年、几千万年过去了，它们经过层层堆积，变得厚重无比。

沉积岩的形成过程

海底或大型湖底沉积的石块、砂粒和泥土在压力作用下逐渐被压实。经过漫长的岁月，它们彼此紧紧贴合，最终形成岩石。

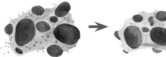

石块、砂粒和泥土沉降

受到压力逐渐变得坚固

彼此紧紧贴合形成岩石

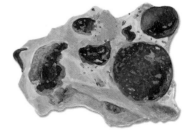

砾岩

由砾石、砂粒和泥土胶结在一起形成的沉积岩，表面坑洼不平。

沉积在水下的石块、砂粒和泥土在巨大的压力作用下，紧紧地粘在一起。破碎的岩石又重新变成了坚硬的石头，像这样形成的石头叫作"沉积岩"。

砂岩
砂粒胶结形成的沉积岩，表面粗糙。

泥岩
泥土被压实后形成的沉积岩，表面较为光滑。

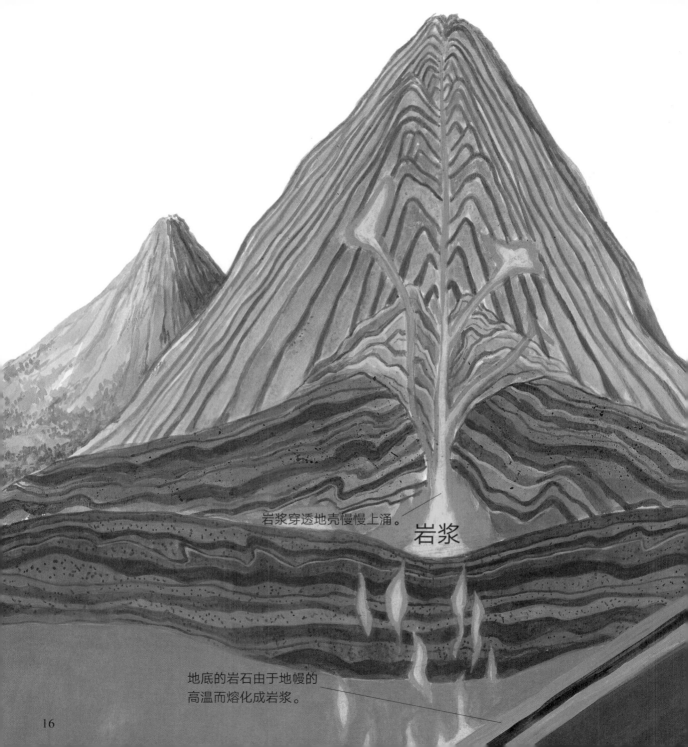

岩浆穿透地壳慢慢上涌。

岩浆

地底的岩石由于地幔的
高温而熔化成岩浆。

16

沉积岩和许多岩石共同组成了地球的外壳——地壳。地壳由几个大大小小的板块组成。

板块会有轻微的移动，有时也会激烈地碰撞，一侧的板块可能会移动到另一侧板块的下面。地壳的下面有地幔，且非常炽热，导致板块交界处的岩石因高温熔化。这种岩石熔化而成的物质叫作"岩浆"，岩浆会穿透地壳慢慢上涌。

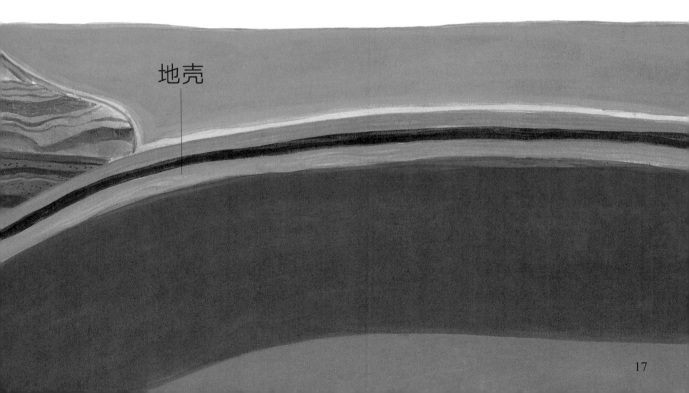

地壳

穿透地壳上涌的岩浆，一部分在地底冷却凝固，变成坚硬的石头。一部分没有冷却，直接穿透地壳喷涌出地表，这就是"火山爆发"。因火山爆发喷出地面的岩浆叫作"熔岩"。

在地面上流淌的熔岩，很快冷却凝固，变成石头。岩浆在地底或地表，冷却凝固后形成的岩石就是"火成岩"。

玄武岩
喷出地表的岩浆冷却凝固后形成的岩石。中国广西涠洲岛的地表就以玄武岩为主。

花岗岩
深成岩的一种，是岩
浆在地底冷却形成的。
颗粒大且表面粗糙。

19

地下深处的岩石受到来自上方和两侧的巨大压力的挤压，还要承受地球内部的高温。几百万、几千万年间，在这种高温高压的作用下，地下深处的岩石逐渐发生变化，变成外表和性质完全不同的石头——变质岩。

片麻岩
火成岩或沉积岩在高温高压下形成的变质岩。

大理岩
碳酸盐岩在高温高压下形成的变质岩。

石英岩
砂岩在高温下形成的变质岩。

角闪岩

玄武岩在高温下形成的变质岩。

21

海底或地底的岩石又是如何露出地表的呢？虽然我们感觉不到，但其实大地是在向上、向下、向两侧一点点移动着的，而且还会发生弯曲。

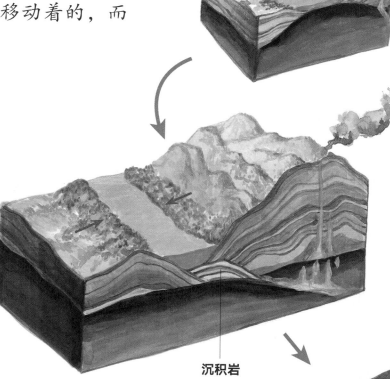

印度洋板块　欧亚板块

海洋

沉积岩

两大板块碰撞后形成的喜马拉雅山脉
印度洋板块和欧亚板块原本隔海相望。约 4000 万年前，两大板块相互碰撞，拱起形成喜马拉雅山脉。现在，印度洋板块依旧以每年 5 厘米的速度向欧亚板块移动着。

地震会使陆地板块断裂，在板块碰撞的过程中，海底地面会被上推，形成巨大的山脉。

几千万、几亿年前，喜马拉雅山脉和阿尔卑斯山脉都曾在海底。

喜马拉雅山脉

24

此时距离山顶的岩石滚落已经过去了几千万年、几亿年的时间。地面高耸而起形成了全新的高山，山顶满是全新的巨大岩石。这些岩石经过漫长的岁月之后，同样会分裂、破碎，然后随着江河流入大海。

大地的变化过程

从海底拱起的大地或是火山爆发后形成的大地，经过漫长的岁月会逐渐发生变化。

幼年期的大地
峡谷开始裂开。

壮年期的大地
峡谷深邃，山脊陡峭。

老年期的大地
山低矮平缓，峡谷平缓宽阔。

海边到处都是形状各异的小石头，每一块石头都拥有几百万年、几千万年，甚至几亿年的故事。而且，它们的故事还将继续。

26

各种各样的石头和泥土

让我们来了解一下石头和泥土是如何形成的，以及石头在高温高压下会发生怎样的变化。

• 脑力大比拼 1

泥土是从哪儿来的呢？

下图中巨大的岩石裂了。仔细观察在破碎的岩石周围都有什么。

① 裂开的岩石周围有（　　）、（　　）、（　　）。

② 岩石周围的石块、砂粒、土的颜色与岩石的颜色（相似　不同）。

③ 石块、砂粒、土是从破碎的（　　）中来的。

岩石因为光照、雨打风吹等作用而破碎，在这个过程中岩石变为石块，再变为砂粒，最后变为土。

答案：①石块，砂粒，土 ②相似 ③岩石

构成地层的岩石是按照什么标准分类的呢?

观察图 A 和图 B,了解一下地层的相关内容。

A

B

❶ 图 A 和图 B 中能够看到分层的是（　　　）。岩石层层堆积而形成的层状物叫（　　　）。

❷ 用显微镜观察构成图 A 的岩石。砾岩、砂岩、泥岩中,颗粒细小到几乎看不到的石头是（　　　）。

砾岩

砂岩

泥岩

❸ 根据（　　　）的大小,可以将地层中的岩石分为砾岩、砂岩和泥岩。

> 岩石层层堆积所形成的层状物叫作"地层"。根据颗粒的大小,组成地层的岩石可以分为砾岩、砂岩和泥岩。砾岩有碎石大小的大颗粒,也有砂粒般大小的小颗粒;砂岩的颗粒只有沙粒般大小;泥岩的颗粒最小,几乎无法用肉眼辨认。

答案：①图 A,地层　②泥岩　③颗粒

● **科学实验室**

片麻岩上为什么会有条纹？

岩石在高温高压下改变了结构、构造和矿物成分，从而具有了新的外形和性质，这样形成的岩石叫作"变质岩"。观察变质岩之一的片麻岩，可以看到上面有一些条纹。那么片麻岩上为什么会有条纹呢？让我们通过实验来了解一下条纹形成的原因。

第1步 在黏土片上放上几个用粉色橡皮泥做成的小圆球。

第2步 把黏土片和粉色橡皮泥球交替垒起来，堆成一个几层高的黏土"建筑"。

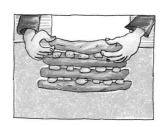

第3步 用木板把黏土"建筑"垂直向下压。

> **思考**
>
> ● 黏土"建筑"之间的粉色橡皮泥球会发生什么变化？
> 粉色橡皮泥球被压扁，变成了（　　　）状。

答案：条纹

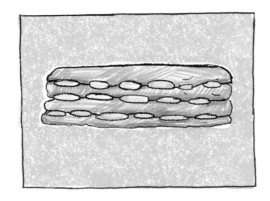

① 垂直下压黏土"建筑"，黏土片之间的粉红色橡皮泥球被压扁，变成了（　　　　）状。

② 条纹是因为黏土片受到自上而下的（　　　　）而形成的。

小博士告诉你

　　片麻岩上之所以有条纹，既可能是因为岩石受到了巨大的压力，也可能是因为高温。片麻岩上的黑色条纹被称为"片麻结构"。片麻岩是由花岗岩这一火成岩变质形成的岩石，因此岩石表面的色泽明暗交替，通常颗粒较大。

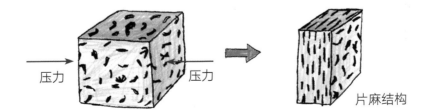

压力　　　　压力　　　　片麻结构

答案：①条纹　②力（压力）

漫话石头

地壳是地球的外壳，它由岩石组成。可以说，整个地球都被石头包裹着。石头，根据其形成过程及成分的不同，其外形、特征及用途也不尽相同。岩石根据其形成的过程大致可以分为沉积岩、火成岩、变质岩三种。让我们一起了解一下各种石头的形成过程。

· 风化作用与侵蚀作用

在昼夜温差和季节性温差的影响下，裸露于地表的岩石逐渐开裂、破碎。这个过程被称为"风化作用"。

另外，雨水、河水、海水、冰川、风等也会破坏岩石，并将其带到其他地方。这种外力破坏岩石的过程叫作"侵蚀作用"，而将岩石搬运至其他地方的现象叫作"搬运作用"。地表的岩石在长时间的风化作用、侵蚀作用和搬运作用下不断发生着变化。

山顶的巨大岩石似乎永远都是一个样子。而事实上，这些岩石在风化作用和侵蚀作用下不断地变化着。

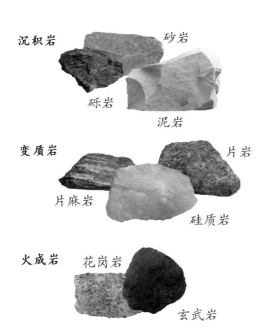

沉积岩

砂岩

砾岩

泥岩

变质岩

片岩

片麻岩

硅质岩

火成岩

花岗岩

玄武岩

积固化形成的石灰岩，死去植物堆积固化形成的煤炭等。

高温高压下形成的变质岩

在地底深处高温高压的作用下，沉积岩和火成岩的性质发生变化。这种因性质发生变化而形成的岩石就是变质岩。大多数变质岩会因受压出现平行条纹。花岗岩变质形成的片麻岩上就出现了原来花岗岩上所没有的条纹。通常被称为"大理石"的大理岩就是由石灰岩变质而成的，但大理岩要比石灰岩颗粒大。而由砂岩变质形成的硅质岩也比砂岩更加坚硬。

堆积固化的沉积岩

沉积岩是堆积固化的岩石。岩石在长时间的风化作用和侵蚀作用下变成石块、砂粒和土。它们被流水或风搬运到海底或湖底，层层堆积，并在压力之下变得十分坚硬，这样形成的岩石就是沉积岩。沉积岩包括泥土固化形成的泥岩，砂粒固化形成的砂岩，石块、砂粒、泥土共同固化形成的砾岩。此外，还有由珊瑚虫尸体、贝壳等生物骨骼碎屑堆

火创造的岩石——火成岩

火成岩是岩浆或者熔岩冷却凝固后形成的岩石，又称"岩浆岩"。根据其形成的位置，火成岩可分为浅成岩、深成岩和火山岩三大类。岩浆在地底深处冷却凝固形成的火成岩称为"深成岩"。由于深成岩是缓慢冷却凝固的，故组成岩石的颗粒（结晶）较大，肉眼可见。深成岩包括花岗岩、闪长岩、辉长岩等。

· 岩石的用途

生活中处处都会用到岩石。人类最早的工具也是由石头制成的。被敲碎后的石头会出现尖锐的棱角，方便切割物体，磨尖之后还可以用来狩猎。人类从使用石头开始，逐步进化到使用其他工具，并最终形成了现在的文明。

韩国的济州岛上只有玄武岩。济州岛的居民用玄武岩来砌墙筑台，石塔也用玄武岩建造而成。其他地区用花岗岩制作的物品在济州岛全部用玄武岩来制作。因为玄武岩外形特殊，石头上密密麻麻地布满了小孔，所以有时也被用来制作济州岛的守护神"石头爷爷"。

在济州岛，石头爷爷等许多物品都由玄武岩制成。

意大利的米兰大教堂全部由白色大理石筑成，有"大理石山"之称。

· 花纹美丽的大理岩

欧洲有许多用大理岩建造的教堂和雕像。大理岩表面光滑、花纹美丽，所以经常被用来装饰建筑物的墙壁。但是，大理岩在酸雨的腐蚀下会变得十分脆弱。近年来，随着工业化的发展，环境污染加剧，酸雨频繁发生，导致许多珍贵的文物受损。

· 中国多产花岗岩

中国是盛产花岗岩的国家，甚至很多壮丽风景都是花岗岩地貌造就的，包括华山、衡山、黄山等名山大川。花岗岩色彩明亮，质地坚硬，花纹美丽，是优质建筑石料，也可用作雕刻材料。北京天安门前的人民英雄纪念碑的碑身就是用花岗岩制成。

安徽九华山是著名的花岗岩山。

· 构成岩石的矿物

仔细观察花岗岩，可以看到多种色泽和外形不同的颗粒。构成岩石的颗粒叫作"矿物"。不同岩石中的矿物种类不同，大小各异。玄武岩中的矿物颗粒极小，肉眼无法看到。

目前为止发现的矿物种类有几千种。金、银、铁等金属是矿物，盐也是矿物。岩石中的矿物主要有石英、长石、黑云母、辉石、角闪石、橄榄石等10余种。

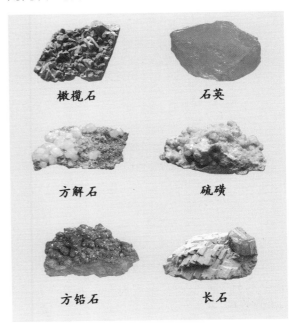

橄榄石　　　　　石英

方解石　　　　　硫磺

方铅石　　　　　长石

启明星科学馆

地球和月亮的圆圈舞

韩国好书工作室 / 著　　南燕 / 译

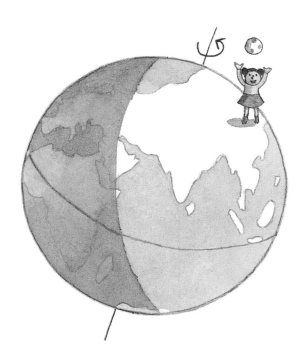

浙江教育出版社·杭州

扫码听音频

2

圆圆的太阳升起来了。

快快起床先刷牙，刷完上牙刷下牙。

早晨太阳升起，我们就要起床，为新的一天做准备。

太阳升起，人们起床，和太阳一起度过新的一天。
太阳落山，天黑下来，人们就要上床睡觉。

吃过早饭去幼儿园时，太阳从天空
的东边高高升起。

在幼儿园里和小朋友们快乐玩耍，
不知不觉间，太阳已经来到天空的
正中央。

 从幼儿园放学回到家时，太阳已经来到了天空的西边。

 到了该睡觉的时间，月亮高高地挂在天上，星星一闪一闪地眨着眼睛。

太阳总是从东方升起，然后随着时间的推移，横跨整个天空挪到西边去。这样看起来，像是地球静止不动而只有太阳在不停旋转。

很久以前的人们就是这么认为的。古希腊人相信，阿波罗神驾驶着载着太阳的马车，从东至西跨过整个天空。从那时起，人们一直认为太阳、月亮和星星都是围绕着地球转动的。

地心说

以前的人们认为地球位于宇宙的中心，是静止不动的，太阳、月亮和星星都在围绕着地球转动。这种学说被称作"地球中心说"，简称"地心说"。

火星　金星　太阳　土星
水星
月球
地球
木星

很久之前，曾有一个天文学家说："太阳并不是绕着地球转的。相反，是地球在自己转动的同时，也在绕着太阳转。"

　　人们都震惊了。究竟是地球在转动，还是太阳在转动呢？

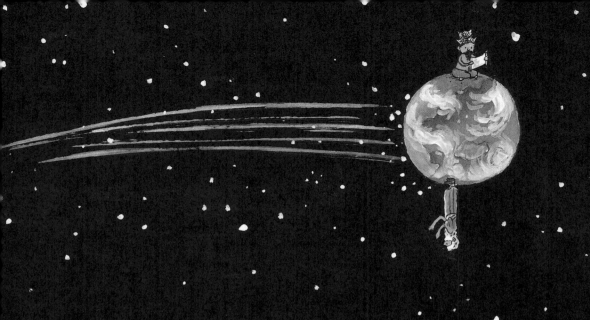

日心说

与"地心说"相反，"日心说"
认为地球也在转动。最早提出
"日心说"的人是波兰的天文
学家哥白尼。

表面上看，太阳好像在绕着地球转。事实上，是地球在像陀螺一样不停地自己旋转。坐在飞驰的火车里看窗外的树木，是不是好像火车是静止不动的，而树木在飞快地往后退呢？同样，地球上的我们是感觉不到地球在转动的，而会错以为太阳在绕着地球转。

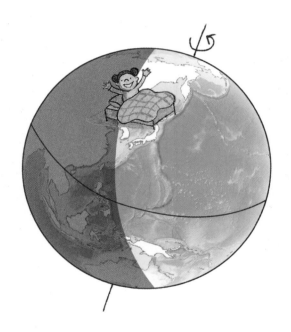

随着地球自西向东转动，地球上的人们看到太阳从东方升起。

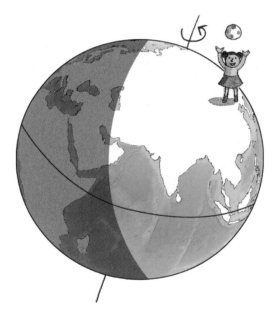

地球朝向太阳所在的一侧是白天。

地球每天都会自己转一圈，这叫作"自转"。地球以南极和北极为轴自转。太阳从东边升起，在西边落下，这是因为地球是自西向东自转的。由于自转，地球上产生了白天和黑夜。

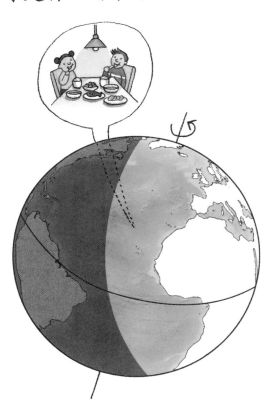

地球继续转动，有一部分逐渐远离太阳，人们看到太阳在西边落下。

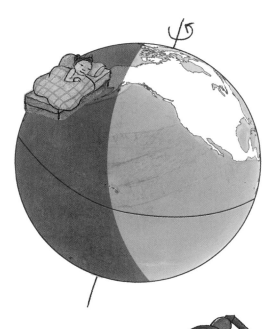

地球背离太阳所在的一侧是黑夜。

11

地球在自转的同时也在绕着太阳转，这叫作"公转"，它绕太阳转一圈需要一年的时间。从太阳上看，连接地球南北两极的轴是呈23.5度倾斜的。所以，地球在绕太阳转的时候，北半球和南半球会交替向太阳一侧倾斜。

夏至
夏至日，北半球向太阳倾斜角度最大。太阳直射北回归线。

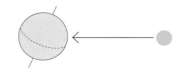

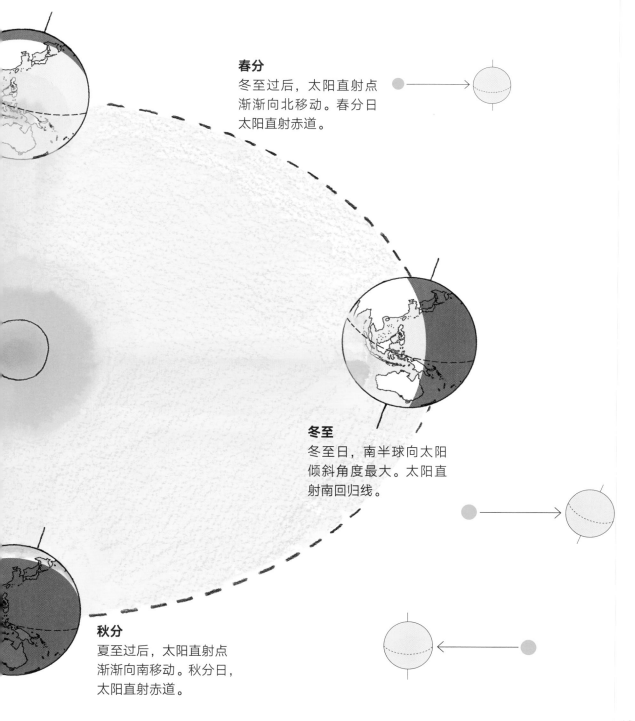

春分
冬至过后，太阳直射点
渐渐向北移动。春分日
太阳直射赤道。

冬至
冬至日，南半球向太阳
倾斜角度最大。太阳直
射南回归线。

秋分
夏至过后，太阳直射点
渐渐向南移动。秋分日，
太阳直射赤道。

当太阳直射北半球的时候，北半球白天时间长，夜晚时间短。当太阳直射南半球时，就变成了南半球白天时间长，夜晚时间短了。太阳直射时天气炎热，反之则天气寒冷。

春天，阳光直射赤道，北半球昼夜长短相近。

夏天，太阳直射北半球，北半球昼长夜短。

当太阳直射北回归线时，北半球是夏季，南半球是冬季。当太阳直射南回归线时，南半球是夏季，北半球是冬季。中间还有春天和秋天。季节的变化正是由地球的倾斜角和公转运动造成的。

秋天，太阳直射赤道，北半球昼夜长短相近。

冬天，太阳直射南半球，北半球夜长昼短。

我们的月亮是什么样的呢？它并不总是圆的。有时候是像白玉盘一样的满月，有时候是像小船一样的半月，还有时候是像眉毛一样的弯弯的新月。

　　月亮的形状为什么会发生变化呢？是因为地球转动的缘故吗？

太阳自己会发光，而月亮却不会。月亮之所以明亮，是因为它反射了太阳光。所以，我们只能看到月亮被太阳照亮的部分。当月亮处于太阳的相反方向时，我们能够看到完整的月亮。而当月亮和太阳处于同一方向时，我们就无法看到月亮。当月亮处于太阳90度角的方位时，我们可以看到月亮的一半。

就像地球绕着太阳转一样，月球也在绕着地球转。月球绕地球转一圈，需要一个月的时间。

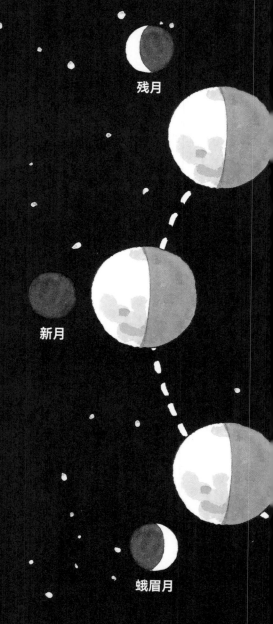

残月

新月

蛾眉月

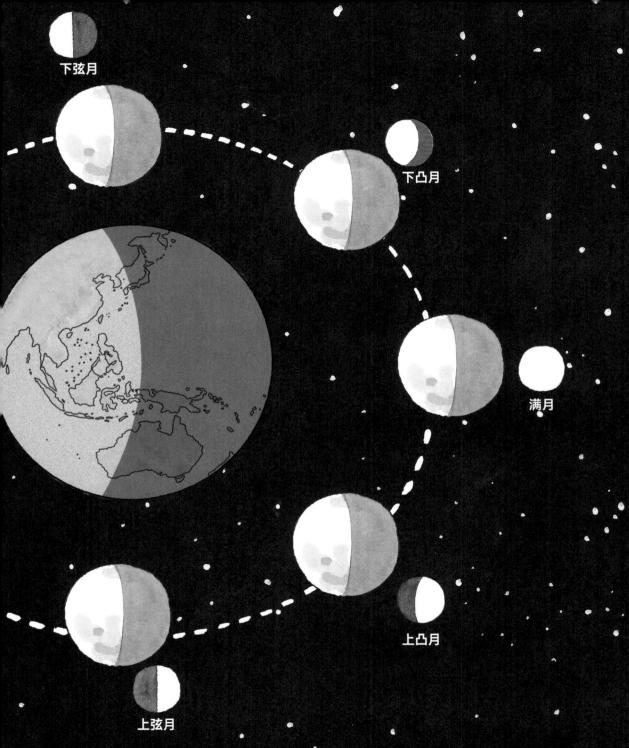

下弦月

下凸月

满月

上凸月

上弦月

让我们一起用一个月的时间来观察月亮。

阴历每月初一，天空中没有月亮。初二以后，月亮开始一点一点地露出脸庞。随后，月亮越来越大，逐渐变成半月，到了十五就变成了满月。从这之后，月亮又重新开始变小，从满月变成半月再变成残月，最终再次不见踪影。

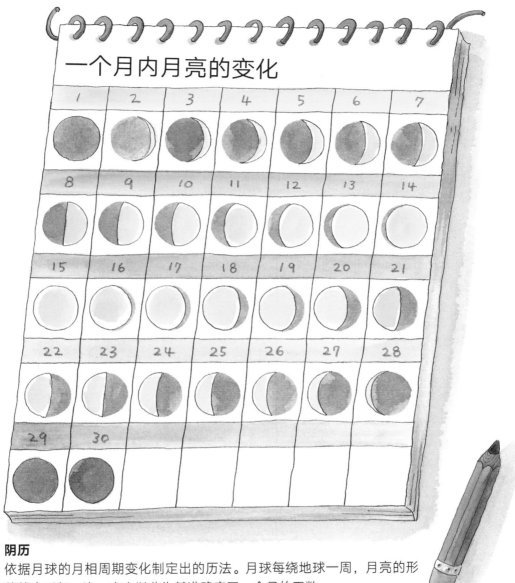

一个月内月亮的变化

1	2	3	4	5	6	7
8	9	10	11	12	13	14
15	16	17	18	19	20	21
22	23	24	25	26	27	28
29	30					

阴历

依据月球的月相周期变化制定出的历法。月球每绕地球一周，月亮的形状就会反复一次，古人以此为基准确定了一个月的天数。

阳光照射地球时，会在地球的后方投下长长的影子。月球围绕地球转动时，有时会进入地球的阴影里，这时在我们眼中月亮就会渐渐变小直至消失不见。过一会儿，月球又会离开地球的阴影，我们看见的月亮又会逐渐变大。这就是所谓的"月食"。月食可能会在阴历十五、十六，或十七时出现，此时月亮处在与太阳反方向的位置上。

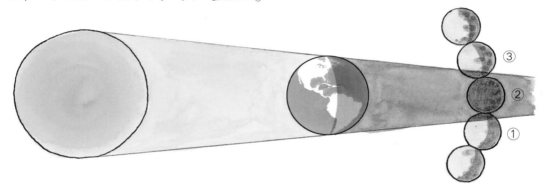

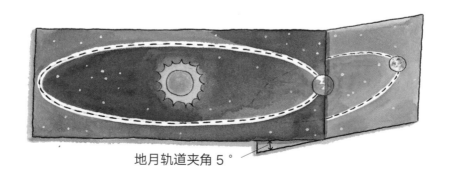

地月轨道夹角 5°

　　由于月亮、地球和太阳并不完全在同一条直线上，所以并不是每个阴历十五都会发生月食。月亮在围绕地球转动时，经常会偏离地球与太阳之间形成的直线，有时稍微偏上，有时又会稍微偏下。

①月亮开始进入地球的阴影。

②即使月亮完全进入地球的阴影，也很少会出现完全看不见的情况。大部分情况下，此时的月亮会呈现出红色。

③月亮离开地球的阴影。

23

月球围绕地球转动时，有时会经过太阳和地球之间。这时月亮的影子就会投射到地球上。月亮的影子经过之处，太阳就会被遮住。有时遮住的只是太阳的一部分，有时却几乎全部遮住，这时地球就会黑如夜晚。这就是所谓的"日食"。

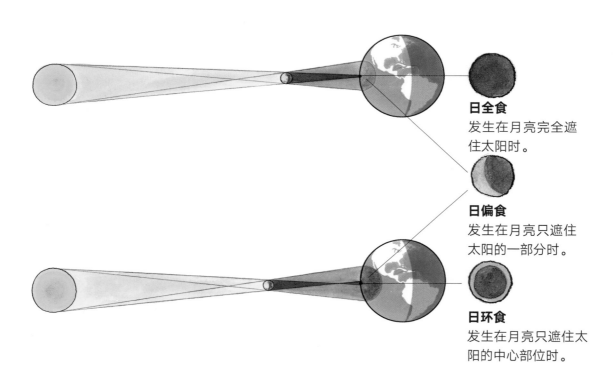

日全食
发生在月亮完全遮住太阳时。

日偏食
发生在月亮只遮住太阳的一部分时。

日环食
发生在月亮只遮住太阳的中心部位时。

月亮开始遮住太阳。

月亮完全遮住了太阳。

月亮偏离了太阳。

　　丁零零——丁零零——住
在阿根廷的姑姑打来了电话。
中国现在是早晨，而阿根廷却
是夜晚。中国是炎热的夏天，
阿根廷却是寒冷的冬天。虽然
在同一个地球上，但一边是白
天，另一边却是黑夜。北半球
是盛夏，南半球却是寒冬。

季节的变化

让我们一起对不同季节的气温与昼夜长短变化、太阳高度变化进行观察，了解不同纬度的气温变化情况。

● 脑力大比拼1

不同季节的昼夜长短与气温是如何变化的呢？

不同季节昼夜长短各不相同。看下图，了解一下哪个季节白天时间最长，哪个季节白天时间最短。

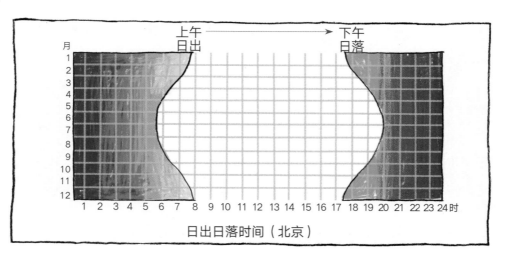

日出日落时间（北京）

❶白天时间最长的月份是6月。白天时间长，温度（高　低）。这时是（春季　夏季　秋季　冬季）。

❷白天时间最短的月份是12月。白天时间短，温度（高　低）。这时是（春季　夏季　秋季　冬季）。

答案：①高，夏季 ②低，冬季

不同季节的太阳高度有何不同？

下图显示了不同节气太阳的运动路线。了解一下不同季节的正午太阳高度是如何变化的。

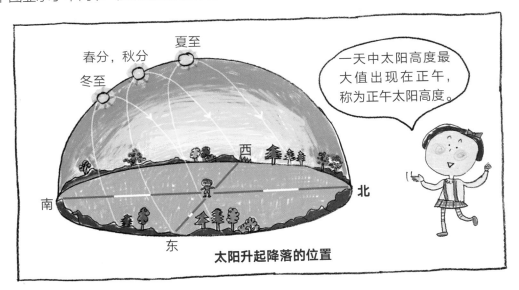

太阳升起降落的位置

① 正午太阳高度最高的时候是（   ），此时是夏季。

② 正午太阳高度最低的时候是（   ），此时是冬季。

③ 正午太阳高度居中的时候是（   ）和（   ），此时是春季和秋季。

④ 正午太阳高度越高，气温就越（高　低），白昼时间就越（长　短）。

　　正午太阳高度，夏至时最高，冬至时最低。正午太阳高度越高，气温越高，白天时间也越长。

答案：①夏至 ②冬至 ③春分，秋分 ④高，长

· 科学实验室

为什么不同纬度地区的气温会不同？

通过实验来测量不同纬度地区的太阳高度和影子长度，并了解气温变化的原因。

影子

第1步 将可以测量太阳高度和影子长度的太阳高度测量仪贴在地球仪的赤道部分。

第2步 用光线直射地球仪的赤道部分，测量太阳高度与影子的长度。

纬度 0 度（赤道）

> **思考**
> ● 当光线直射赤道时，位于赤道上的物体会产生影子吗？ （　　　　　）

第3步 手电光线仍直射赤道，将太阳高度测量仪按照纬度的不同贴在地球仪的不同位置，测量太阳高度和影子长度。

北纬 30 度

北纬 60 度

答案：不会产生影子

对不同纬度地区的太阳高度与影子长度进行测量，结果如下表。

纬度	0 度	30 度	60 度
太阳高度	90 度	60 度	30 度
影子长度	0cm	0.58cm	1.73cm

① 纬度低的地区太阳高度（高　低），纬度高的地区太阳高度（高　低）。

② 纬度低的地区影子长度（长　短），纬度高的地区影子长度（长　短）。

③ 纬度越（　　　），太阳高度越高，影子长度越短。

　　纬度越（　　　），太阳高度越低，影子长度越长。

④ 太阳高度越高，气温越高；太阳高度越低，气温越低。因此纬度低的地区气温（高　低），
　　纬度高的地区气温（高　低）。

小博士告诉你

　　　　纬度越低的地区太阳高度越高，地面接收到的太阳能就越多。相反，纬度越高的
　　地区地面接收到的太阳能越少。因此，纬度越高气温越低，纬度越低气温越高。

答案：①高，低 ②短，长 ③低，高 ④高，低

太阳、地球与月亮

太阳、地球和月亮的运动对我们的生活造成了怎样的影响？我们现在所用的历法是如何制定的？让我们一起来了解一下。

• 月亮的"一天"与"一年"

月亮与地球的平均距离是 38 万 4403.9 千米。同时月亮在以每年 3.8cm 的距离远离地球。月亮在自转的同时也在围绕着地球公转，自转周期与公转周期相同。所以对月亮来说，"一天"就是"一年"。

由于月球的自转周期和公转周期相同，所以在地球上只能看到月亮的一面。月球上看起来较暗的部分是它的凹陷处，看起来较明亮的部分是凸出处。

月球表面

月球表面有数不清的环形山。所谓环形山是指像火山口一样陷落的坑洞。它是由宇宙空间飞来的陨石撞击月球而形成的。

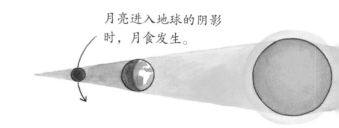

月亮进入地球的阴影时，月食发生。

• 日食与月食

月亮绕着地球转，地球绕着太阳转，那么，总会有一瞬间，月亮、地球和太阳处在同一条直线上。如果月亮位于地球的背面，就会被地球的影子遮住而无法看到，这时就发生了月食。

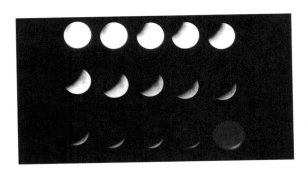

月全食

2004 年 5 月发生的月全食。图中是月亮开始进入地球阴影之前和完全被遮挡的 5 分钟之内拍摄的照片。

月亮遮住太阳时，日食发生。

日全食

月亮完全遮住了太阳。四周变得一团漆黑，天空中可以看到星星，甚至可以观察到太阳周围的日冕。

亮绕地球转一周需要 29.5 天，所以在太阴历中，月份是按照小月 29 天和大月 30 天的方式交替排列的。阴历的 1 年有 354 天。

依据太阳运动规律制定的太阳历与闰年

太阳历中，将地球绕太阳转一周所需的 365 天作为一年。而事实上，地球绕太阳一周的时间准确地说应为 365 天零 6 小时 9 分 10 秒。因此每四年会有一个闰年，闰年的 2 月份有 29 天。

1 年有 354 天的阴历

阴历是根据月亮圆缺制定的历法。由于月

包含闰月和二十四节气的农历

由于农业活动需要配合季节的变化，古代中国人发明了以阴历为主、以太阳历为辅的农历。

在农历中，为使阴历的日期不至于太过于违背季节，每三年会设置一个闰月进行调整。人们同时还发明了二十四节气。二十四节气是将太阳在黄道的运行轨迹 24 等分后制定出来的。

· 太阳不落山的夜晚

南北极附近的地区，一年有将近6个月的时间，夜晚太阳也不落山，这种现象被称作极昼。地球的自转轴相对太阳呈现出23.5度的倾角，故产生了极昼现象。北极及附近地区的夏季，南极及附近地区的冬季都会出现极昼现象。

· 时区

由于地球自转的缘故，不同经度的地区太阳起落的时间各不相同。因此以英国伦敦格林尼治天文台为基准，将地球按照东西方向划分出24个等宽的时区。每个时区代表一个小时的时差，向东则加一个小时，向西则减一个小时。

· 改变日期的国际日期变更线

我们可以利用时区来计算其他国家的时间，如果中国是2日早上7点，那么在东边与其相隔16个时区的美国洛杉矶则是1日下午3点。时间不同，日期也发生了变化。

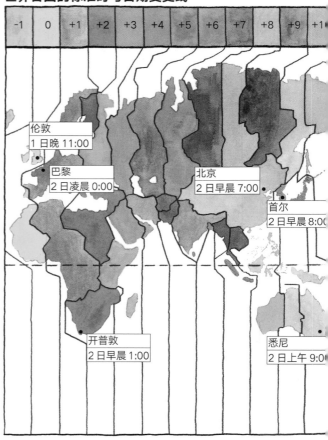

世界各国的标准时与日期变更线

| -1 | 0 | +1 | +2 | +3 | +4 | +5 | +6 | +7 | +8 | +9 | +1 |

伦敦
1日晚11:00

巴黎
2日凌晨0:00

北京
2日早晨7:00

首尔
2日早晨8:00

开普敦
2日早晨1:00

悉尼
2日上午9:00

这是因为人们人为设置了日期变更线。由西向东越过日期变更线则日期减一天，从东到西则加一天。如果没有这条线，大家都按自己的标准划定日期，时间就会混乱。

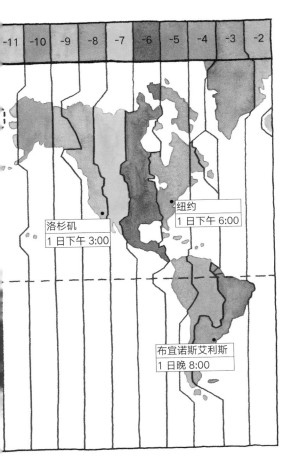

| -11 | -10 | -9 | -8 | -7 | -6 | -5 | -4 | -3 | -2 |

纽约
1 日下午 6:00

洛杉矶
1 日下午 3:00

布宜诺斯艾利斯
1 日晚 8:00

日晷

北京故宫博物院太和殿前的日晷。其上标出了不同季节日影的不同长度。观察日影所指的刻度便可以知道节气和时间。

利用日影方向计时的日晷

　　由于地球是自西向东转动的，所以太阳总是自东边升起，从西边落下。太阳移动，日影也随之移动。早晨，日影向西拉得长长的，随着时间的推移逐渐缩短，正午时分达到最短。正午过后，影子的方向移到东边并逐渐拉长，到了日落时分，日影向东达到最长，最后消失在夜色之中。

　　伴随着太阳的移动，日影的方向和长短也在不断变化，利用这一原理制造出的计时仪器就是日晷。不过，季节改变，日晷就会出现误差。因为不同季节太阳高度不同，所以即使是同一时刻，不同季节日影的长度也不同。同一时刻夏季影子短，冬季影子长。因此，要想制造出精密的日晷，需要对不同季节的日影长短进行标记。

启明星科学馆

脏水变干净啦

韩国好书工作室 / 著　　南燕 / 译

浙江教育出版社·杭州

哗———

　　打开水龙头，自来水哗哗地流了出来。水像空气一样，是人类不可或缺的珍贵资源。我们从早上睁开眼睛就开始使用水，洗漱、喝水、做饭、洗衣、冲厕所等，都需要用到水。那么，我们每天用的水都是从哪里来的呢？

取水泵站

在水库或清澈的河流上游抽取水源，用作自来水。必须特别注意取水泵站附近的水不能被污染。

经过沉淀池的净水流向过滤装置。

过滤木块、垃圾等。

在水中放入药物并搅拌。药物能够杀死细菌，清除异味，还能使水中的杂质沉淀。

过滤装置由沙石层构成，能够过滤水中剩余的颗粒物。

我们使用的水大部分来自全国各地的河流。河流里的水经过若干道净化程序后被制作成自来水，供我们使用。在河流水量少或没有河流的地方，人们也会抽取地下水使用。然而，随着水污染日趋严重，能够用作自来水的水源也越来越少了。

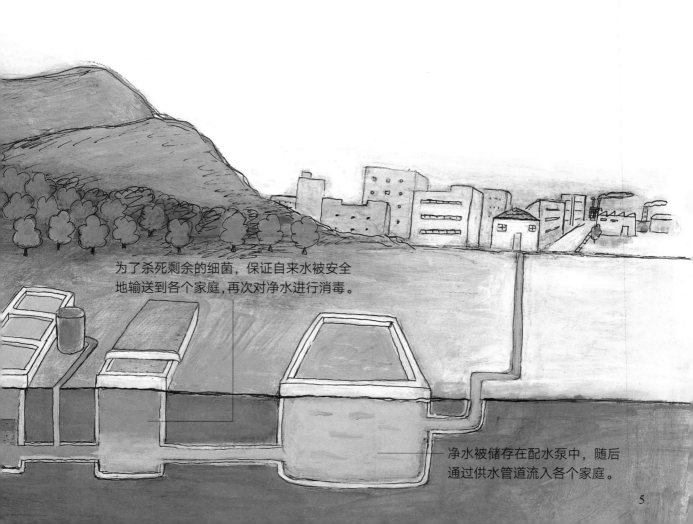

为了杀死剩余的细菌，保证自来水被安全地输送到各个家庭，再次对净水进行消毒。

净水被储存在配水泵中，随后通过供水管道流入各个家庭。

化粪池

冲洗马桶的水在进入
下水道前会先进入化
粪池，进行一次过滤。

　　谁是水污染的罪魁祸首呢？
　　家庭和工厂排出的废水都会污
染水源。每家都有下水管道，这些
管道与巨大的下水道相连。我们排
放的污水通过这些大大小小的下水
管道被送往污水处理厂。

废水处理设施

工厂会使用许多有毒性的化学物质，所以工业废水不能随意排放，要经过特殊的废水处理装置净化后才能排放。

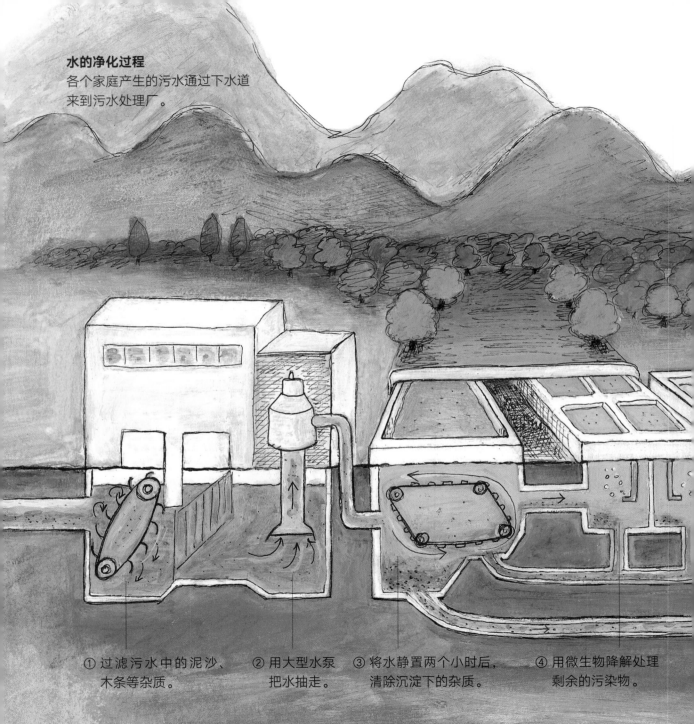

水的净化过程
各个家庭产生的污水通过下水道
来到污水处理厂。

① 过滤污水中的泥沙、
木条等杂质。

② 用大型水泵
把水抽走。

③ 将水静置两个小时后，
清除沉淀下的杂质。

④ 用微生物降解处理
剩余的污染物。

污水处理厂把所有的污水聚集在一起进行处理。使污水变干净的过程叫作净化。污水处理厂净化后的水可以排放到河流中。如果直接将污水排放到河流中，或者未将污水进行彻底净化就排放，就会对河流造成污染。

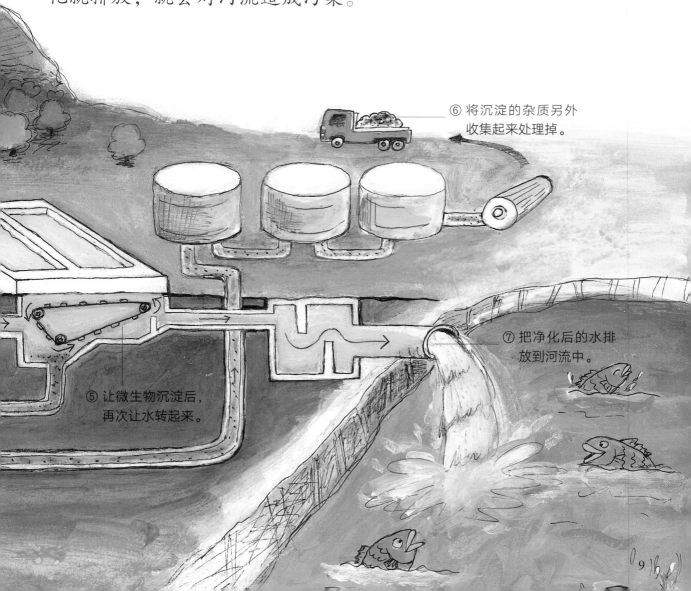

⑥ 将沉淀的杂质另外收集起来处理掉。

⑦ 把净化后的水排放到河流中。

⑤ 让微生物沉淀后，再次让水转起来。

家里随意丢弃的食物也会对水造成污染。要净化污水就必须将其与一定量的净水混合在一起。

　　据说，净化一碗方便面汤需要 4 浴缸的水。净化没喝完就被扔掉的牛奶也需要许多水。油脂会阻止氧气溶于水中，洗碗前先用纸巾将碗筷上的油脂或食物残渣擦拭一遍，能够有效地减少水污染。

将下面的液体净化到鱼类能够生存的程度，需要多少净水？

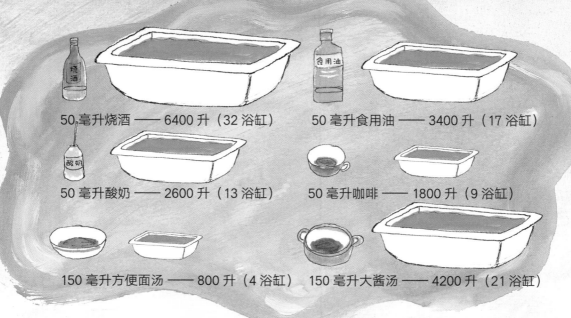

50 毫升烧酒 —— 6400 升（32 浴缸）　　50 毫升食用油 —— 3400 升（17 浴缸）

50 毫升酸奶 —— 2600 升（13 浴缸）　　50 毫升咖啡 —— 1800 升（9 浴缸）

150 毫升方便面汤 —— 800 升（4 浴缸）　　150 毫升大酱汤 —— 4200 升（21 浴缸）

　　洗发水和护发素等合成洗涤剂也会对水造成污染。合成洗涤剂会抑制水中生物的活动，且由于不易分解，很容易在江河湖海中蓄积。每年有60万吨没有被分解的洗涤剂蓄积在海水里，导致水中的鱼类越来越难以呼吸。

　　洗头时多用清水，少用洗发剂，用醋代替护发素，可以有效减少水污染。

节约用水非常重要。

刷牙时用杯子接水漱口，也能节约许多水。刷牙时一定要把水龙头关上。据说，如果把一个水龙头滴滴答答漏下来的水收集起来，一年能收集超过 4000 升。

将雨水收集起来使用，或者对用过一次
的水进行再利用，也能够节约很多水。

285 升　　146 升

每人每天的用水量

韩国城市居民每人每天的用水量约为 285 升，而德国每人每天的用水量约为 146 升。
中国城市居民每人每天的用水量约为 180 升，比韩国人少，比德国人多。

在河边洗车并不能节约用水，反而会污染河流。这是因为，车上的油垢与洗涤剂没有经过污水处理厂的处理，直接流入了河水中。所以，一定要到专门的洗车店洗车。

水也分等级

I 类：主要适用于源头水、国家自然保护区。

II 类：主要适用于集中式生活饮用水地表水源地一级保护区、珍稀水生生物栖息地、鱼虾类产卵场、仔稚幼鱼的索饵场等。

III 类：主要适用于集中式生活饮用水地表水源地二级保护区、鱼虾类越冬场、洄游通道、水产养殖区等渔业水域及游泳区。

在清凉的溪水边露营。有人在水里扑通扑通玩了一会儿后拿出洗发水开始洗头，有人在淘米准备做饭，还有人在刷碗。因为洗涤剂或食物残渣会流入溪水中，因此这些行为必然会对水造成污染。到溪谷露营时一定要在指定的地方清洗、做饭。

V类：主要适用于农业用水区及一般景观要求水域。

IV类：主要适用于一般工业用水区及人体非直接接触的娱乐用水区。

工厂废水与农药也是水污染的"主犯"。

农药会通过土壤渗透到地下水、河流水、海水之中，对水源造成污染。工厂排放的废水中含有汞、铅、铬等重金属，如果不将这些重金属加以净化处理就直接排入水中，就会对水造成严重污染。

当河流或海洋被污染后，由于污染物释放出的毒素以及水中氧气含量下降等问题，鱼类和贝类会无法生存，甚至会出现畸形鱼类以及鱼群大面积死亡等现象。人在吃鱼或其他河鲜海鲜时，这些食物中积累的污染物也会重新回到人体内。特别是吃被重金属污染的鱼类会导致重金属在人体内累积，可能使人患上神经麻痹、语言障碍、全身麻痹等可怕的疾病。

我们可以直接使用的水资源是地下水、湖泊水和河水。除去无法开采的深层地下水，可供我们使用的水量仅占地球总水量的 0.26%。而随着人口的增多和经济的发展，人类对水资源的需求量越来越大。水资源非常宝贵，所以，我们绝不应该污染水，也绝不应该浪费水。

25

水在陆地、海洋和大气中不断循环转换。有时候是固态的冰，有时候是液态的水，还有时是水蒸气。不管是什么形式的水，存在于哪个地方，地球上水的总量在亿万年间是没有变化的。地球上的水，我们的祖先喝过，我们在喝，我们的子孙后代还要继续喝。所以，我们一定要节约用水，防止水污染。不然，我们很快就会陷入无水可喝的困境。

威胁生命的水污染

比较没被污染的水与被污染的水，了解防止水污染的方法。

脑力大比拼 1

没被污染的水有哪些特征？

下图是丛林深处的溪水。我们一起来观察溪水具有哪些特点。

①溪水（有　没有）味道，颜色（透明　浑浊）。

②溪水中（有　没有）鱼类生存。

③进入溪水中（会患　不会患）皮肤病。

④溪水（被污染　没有被污染）。

　　没有被污染的水只需经过简单的净化，就可以直接用作饮用水。生物可以在净水中生存，人进入净水中不会患皮肤病。

答案：①没有，透明 ②有 ③不会患 ④没有被污染废水流入后，河流会发生怎样的变化？

下图是工厂将废水排入河流的场景。观察河流发生了怎样的变化。

① 河流（有　没有）味道，颜色（透明　浑浊）。

② 鱼类（可以　不可以）在河流中生存。

③ 进入河流（会患　不会患）皮肤病。

④ 河流（被污染　没有被污染）。

　　生活污水、食物废液、工业废水、屠宰场废水等会对水体造成污染。水被污染后，水中生物会变得畸形或死亡。此外，由于会滋生疾病，被污染的水无法用作饮用水。水污染甚至会夺走动植物乃至人的生命，造成非常可怕的后果。

答案：① 有，浑浊 ② 不可以 ③ 会患 ④ 被污染

● 科学实验室

怎样做才能让水变干净？

如何让被污染的水变干净？制作简易净水器，尝试将水变干净。

第 **1** 步　观察烧杯中的泥水与肥皂水。

第 **2** 步　用砂砾、石子、木炭等制作成简易
净水器，把泥水倒入净水器中，观
察过滤后的水。

> 思考
>
> ● 与过滤前相比，过滤后的水变清澈了
> 还是变浑浊了？
> 　　　　　　　（　　　　）

答案：变清澈了。

第**3**步 把肥皂水倒入净水器中，观察过滤后的水。

·思考·

● 与过滤前相比，过滤后的水变清澈了还是变浑浊了？
（　　　　　　　）

结论

① 用简易净水器净化（泥水　肥皂水）更有效。

② 简易净水器中的砂砾、石子和木炭可以过滤（水　空气）中的杂质，但是不能净化其中的化学物质。

③ 砂砾、石子、木炭发挥了土壤的作用。由此可知，仅靠土壤是（可以　不可以）完全净化被污染的水的。

 小博士告诉你

　　比起净化污水，更重要的是我们每个人要树立保护环境的理念，在生活中养成减少污染的习惯。减少使用合成洗涤剂等会造成水污染的产品，对水进行循环利用，这些都是减少污染的好习惯。此外，我们要让农畜产品加工厂和其他工厂都安设净水设施，防止他们随意排放废水，发挥好监督作用。

实验答案：过滤前后没有变化。/ 结论答案：①泥水 ②水 ③不可以

保护水，让水保持清洁

水被誉为生命的源泉。然而，如此珍贵的水却在遭受人们肆意的污染。我们一起来了解导致水污染的各种原因，以及其导致的后果。

· 珍贵的水

水对于包括人类在内的所有生物而言，都是不可或缺的珍贵资源。人身体的70%~80%由水构成，大象身体的70%、树木的75%也都由水构成。所有生物一旦陷入缺水的境地，生存就会变得岌岌可危。就人而言，身体缺水1%~2%时会感到口渴，缺水12%以上就有可能失去生命。

· 数量巨大却又严重不足的水

地球拥有丰富的水资源，整个地球表面的三分之二均被水覆盖。虽然地球上的水量如此巨大，但能够为人所利用的水却十分稀少。占总水量97.5%的水都是无法利用的咸水，淡水中也有许多是冰山、冰川，以及深层地下水，而可利用的淡水还不到地球总水量的0.3%。

淡水 2.5%

河流湖泊 0.3%

土壤水分、湿地等 0.5%

地下水 29.9%

海水 97.5%

冰山、冰川 69.3%

　　我们每冲一次马桶要用掉约 6 升水，洗一次碗需要约 35 升水，而用一次洗衣机要用掉超过 100 升水。仅仅是制造一个铝罐头就要用 11 万升水。

置位于输送自来水的上水管与输送污水的下水管之间，因此也被叫作"中水系统"。中水主要用于冲洗马桶、冷却空调、打扫卫生、洗车、池塘喷泉造景、消防等用途。中水系统能够减少自来水的使用量和污水的排放量，起到保护水质的作用。

● 循环用水设施

　　将用过一次的自来水处理为生活用水、工业用水的设施被称作污水循环利用系统。由于其位

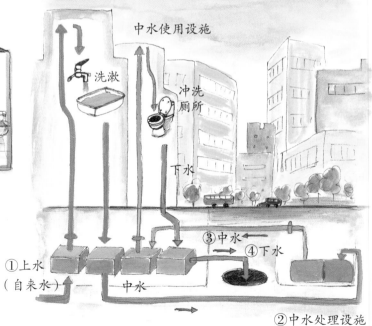

中水系统

畜牧业废水

生活污水

工业废水

农药

垃圾

洗车

水污染的原因

水污染是指水的使用价值因有害化学物质而降低或消失的现象。导致水污染的原因是含有毒物质的污水的大量排放，如生活污水、工业废水、畜牧业废水、残留农药和化肥的农业废水等。这些原因中，生活污水所占的比重达到了 70%。生活污水中含有排泄物、洗涤剂以及其他化学制品等污染物。

工厂排放的废水中含有重金属以及各种燃料等危害巨大的物质。所幸与过去相比，工业设施有了很大的进步，对环境造成的污染正在减少。然而，仍有一些工厂不进行任何处理，直接将废水排放到河流中。工业废水正逐渐成为水污染的主要原因。

进行农业生产时会使用大量的化学肥料以及杀虫剂。这些物质与雨水混合在一起渗入土壤，污染地下水，进而污染河流和海洋。

水污染的后果

水被污染后，包括鱼类在内的水生生物会变得畸形或死亡，这会破坏水中的生态系统。更可怕的是，人喝了被有害物质、重金属、微生物等污染的水后，会重金属中毒，患上痛痛病，或患上伤寒、痢疾等传染病，以及皮肤病等其他各类疾病。

另外，食用被污染的水中生长的鱼类、贝类或者农作物，也会间接地对我们的身体产生影响。越是食物链的上层，体内的重金属就积累得越多。所以，人是水污染最大的受害者。

重金属积累的过程

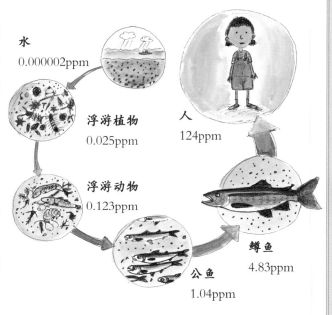

水
0.000002ppm

浮游植物
0.025ppm

浮游动物
0.123ppm

人
124ppm

鳟鱼
4.83ppm

公鱼
1.04ppm

（ppm：百万分比浓度）

水俣（yǔ）病

水俣病是一种长期大量食用被化合物污染的鱼类和贝类导致的疾病。首个病例出现在二十世纪五十年代的日本熊本县水俣湾附近。发病者均是当地居民，他们长期食用被工厂排放的废水污染的鱼类和贝类，出现了疼痛、精神失常等症状。

痛痛病

首先出现在日本富山县神通川流域的疾病。当时，一家金属矿业公司向神通川排放的废水中含有镉，这些镉长期在人体内积累，引发了镉中毒。患病者骨骼变得脆弱，很容易骨折或感觉疼痛，身体日趋虚弱直到失去生命。

启明星科学馆

濒临灭绝的动植物

韩国好书工作室 / 著　　南燕 / 译

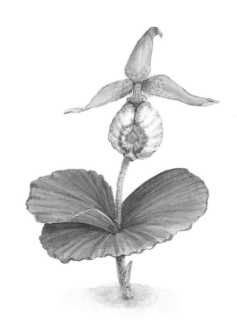

扫码听音频

浙江教育出版社·杭州

五月的野外，树林已经是一片清新的绿色。

这里的树叶，有的宽大如手掌，有的狭长如银针。这里青草茂密，还有好多城市里见不到的动物和植物。所以每次到野外，我的心情都会变得特别好。

3

林间小路狭窄，只容得下两个人并排行走。

这里枝繁叶茂，有许多奇珍异草。看！那开着粉紫色小花的植物是少有人见过的鲜黄连。

鲜黄连
由于生长在深山里而
引来好奇的人们采挖，
导致数量越来越少。

5

过去，森林里的花草树木要比现在多得多。

人类为了开辟道路肆意伐木，导致许多花草无地可生，树木数量锐减。而持续的砍伐，没有留出足够的时间，让一颗种子慢慢长大。

所以，很多植物已经在野外彻底灭绝了。

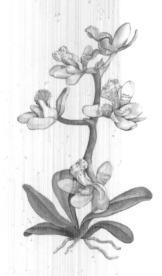

指甲兰
不仅颜色漂亮，还有药用价值，
正濒临灭绝。

朝鲜鸢尾
白色的花瓣上带有黄色的纹路，是稀有品种。

蓼（liǎo）叶堇（jǐn）菜
主要产自吉林省。比较稀有，现在已经濒临灭绝。

果实

翅果连翘（qiáo）
原产自朝鲜半岛，现在已经濒临灭绝。

松叶百合
因叶子像松针一样纤细而得名，分布在云南，属于极危保护植物。

扇脉杓（biāo）兰
现在已经濒临灭绝。中国是杓兰品种最多的国家，约有 34 种，其中 20 余种为特有珍稀品种。

山腰上有大大小小的岩石，清冽的溪水从岩石的缝隙潺潺流过。把脚浸在溪水里，抬起头，一只红珠绢蝶朝我们飞来。

　　这可不是常见的蝴蝶，它立在草叶上，像倒立似的翘起了腹部。

红珠绢蝶

在 20 世纪 70 年代，红珠绢蝶还是一种在山里、田野、溪谷等处常见的蝴蝶。由于资源的过度开发，红珠绢蝶的数量大幅减少，目前已经被确认为"有益、有重要经济价值、有科学研究价值的野生动物"，简称"三有动物"。

雌虫

雄虫

红蜻蜓
红蜻蜓的幼虫生长在水里。日益严
重的水污染使其数量大幅减少。

9

在地球上海洋之外的地方，昆虫可以说是无处不在，几乎占动物总数的 70%。

昆虫之所以数量庞大，是因为它们产卵多，并且虫卵能够快速适应环境。但即便如此，人类的过度开发仍然导致昆虫的数量急剧下降。蚂蚁、蟑螂等昆虫可以很好地适应环境，但蝴蝶、蜻蜓、甲虫等昆虫则对环境变化更为敏感，它们的生存更易受到威胁。

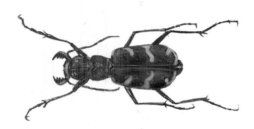

红翅虎甲
过去常在山间小路或溪水旁看到，现在很罕见，已成为需要保护的野生动物。

田鳖
成虫与幼虫都生活在沼泽、湖泊、河川等处。20 世纪 70 年代以后，由于工厂和农场大量排放废水，导致其数量锐减。

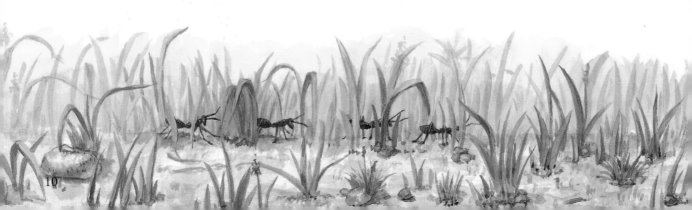

仁眼蝶
隐藏能力极强。由于人类大肆捕捉和森林
环境的变化，数量急剧减少。

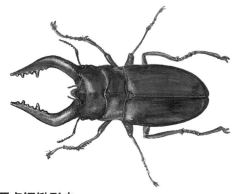

两点锯锹形虫
舔食柞栎（zuòlì）、枹（fú）栎等柞树的汁
液为生。由于过度砍伐、滥用农药及森林
环境的变化，数量急剧减少。

蜣螂（俗称"屎壳郎"）
蜣螂会把家畜的粪便滚成球状，送到地下
并在其中产卵。近些年来，由于家畜都被
圈养在农舍中，且农药的大量使用导致环
境污染，使得蜣螂越来越少见。

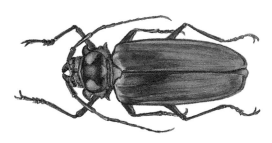

巨天牛
巨天牛是生活在亚欧大陆上体形最大的天牛。
由于水库的建设，巨天牛的栖息地被水淹没，
数量大幅减少，已濒临灭绝。

少鳞鳜

少鳞鳜的身体呈深褐色，以捕食其他鱼类为生。雄性少鳞鳜的责任感极强，会一直保护鱼卵直至小鱼孵化出来。少鳞鳜极具学术研究价值，但数量在不断减少。

沿着小溪向下游走，水面越来越宽阔。

清澈的溪水缓缓流淌，水底的砂砾和鹅卵石都清晰可见。轻轻地踩一踩清冽的水，受惊的鳉（jiāng）鱼四处逃窜，深藏在鹅卵石缝隙中的条鳅（qiū）和窝在沙石里的少鳞鳜（guì）也游出来了。它们都只能在非常干净的水里生活，所以能在野外的溪流中见到它们，可是非常幸运的哟。

条鳅
身体稍扁平，嘴边有三对胡须。一般躲藏在
石缝中，不易被观察到。水坝建设和水污染
使条鳅逐渐失去了栖息地。

含盐分极少的水被称为淡水，江河和湖泊里的水通常都是淡水。

淡水极易被污染，而人类需要生活在靠近淡水的地方。各种废水和渗入土壤的农药、重金属，以及人类随意丢弃的垃圾都会对淡水造成污染。一旦水体被污染，水里的生物就无法生存。

刺鳊（biān）
生活在清澈的溪流里。由于人们大肆采挖沙石、修建大型水坝，破坏生态系统，致使刺鳊属濒临灭绝。

高体鳑鲏（pángpí）
高体鳑鲏是亚洲特有物种，身体扁平，依赖淡水贝类繁殖，产卵季节身体的颜色会变得华丽。后因河流污染而数量急剧减少。

中华草龟
俗称乌龟,是半水半栖、半陆生爬行动物。
由于气候变化、栖息地丧失、过度捕杀
等因素,乌龟的野生种群数量逐年递减,
已濒临灭绝。

北方狭口蛙
生活在狭小的水洼或沼泽中。北方狭口蛙会
在大雨过后交配产卵。目前正因为逐渐失去
栖息地而数量减少。

钝头鮠(wéi)鱼
眼后部有凸起,身体无鳞,
胸鳍处有刺,以捕食水中
的昆虫为生。因水污染导
致食物减少,失去产卵地,
已濒临灭绝。

15

夜幕降临，森林深处一片漆黑。摇曳的树枝沙沙作响，布谷鸟的啼叫声格外清晰。

坐在草地上，能看到半空中浮动着许多闪烁的光点，这光芒来自正在求偶的萤火虫。

萤火虫的幼虫发光有警戒、恫吓天敌的作用，而成虫常常通过发光进行求偶和诱捕猎物。

萤火虫
萤火虫的幼虫生活在清澈的水中，成虫有水生也有陆生，但都对生存环境要求极高。目前，日趋严重的水污染和光污染已影响了萤火虫的生存。

清晨的露水使森林里的空气更加清爽湿润。青草芳香、薄雾氤氲（yīnyūn），美好的一天开始啦！

　　嗒嗒嗒嗒，嗒嗒嗒嗒——远处传来敲击树木的声音。走近一看，原来是一只头部呈红色的黑啄木鸟。它正在树上钻孔，找虫子吃。

黑啄木鸟
黑啄木鸟用尖锐的长喙啄击树木，寻找昆虫的巢穴。黑啄木鸟种群数量目前相对稳定，因此被评估为无生存危机的物种。

19

鸟类靠采食植物的种子、果实，或捕食昆虫、青蛙、老鼠、鱼类等其他动物为生。

　　它们可以在草木茂盛的森林里获得食物，也能从江河、溪水、农田与滩涂湿地中获得食物。然而，许多鸟类的栖息地都被人类破坏了。这些失去家园的鸟，只能寻找新的栖息地艰难生存。

董鸡

雄性董鸡会发出类似"咯咚"的叫声。董鸡不擅飞，因而很容易被人类捉住。过去常在河水或水田附近出没，现在数量大幅减少，被列为"三有动物"。

猫头鹰

脑袋圆圆的猫头鹰白天睡觉，夜晚外出捕猎，主要以田鼠、小鸟、昆虫等为食。然而，随着食物来源和能够供其筑巢的古树大幅减少，一些稀有的猫头鹰物种已近乎灭绝。

黑脸琵鹭
长嘴扁平像中国的琵琶，属于濒
临灭绝的珍稀水禽。由于全球现
存数量非常少，也被称为"鸟类
中的大熊猫"。

蛎鹬（lìyù）
生活在滩涂湿地或岛屿上，用长喙挖开泥
土捕食螃蟹或海蛎蚓。由于滩涂面积减少，
适合蛎鹬栖息的地方也越来越少。

白腹黑啄木鸟
一般选择在高大的死树或
枯木上筑巢。白腹黑啄木
鸟的分布范围广，但在中
国种群数量稀少，被列为
国家重点保护野生动物。

继续向森林深处行进吧！

美人松的枝条正在摇动，想必是藏在里面的小动物听到了我们的脚步声。

突然，一个影子从树上跳了下来，展开四肢，仿佛张开翅膀一样在树间滑翔。原来是飞鼠啊！

飞鼠在树洞里生活和繁衍后代，靠吃嫩芽、树叶、树果为生。但随着森林面积的减少，我们很难在野外看到它们滑翔的身影了。

飞鼠

飞鼠的前足与后足之间长着一层像膜一样的皮肤，叫作皮膜。每当四肢张开时，皮膜就会绷紧。飞鼠可以滑翔，但不能向上飞。

23

人类对环境和资源的破坏，让各种生物的生存都变得艰难，连与人属性相近的哺乳动物也不能幸免。

比如亚洲黑熊和麝（shè），都因为具有药用价值而被捕杀，如今野外种群已近乎灭绝。随着水源被污染，水獭（tǎ）也在逐渐消失。人类越是对土地、森林和海洋肆意妄为，植物和动物的数量就越少。

老虎
生活在山林洞穴里，动作非常敏捷，
每天的觅食范围可达数十公里。

亚洲黑熊
由于毛皮、胆囊、熊掌以及其他
身体部位具有很高的商业价值，
而长期受到人类的猎杀。

狼

因为会伤害人和家畜而被肆意捕杀，现在属于"三有动物"和国家二级保护野生动物。

狐狸

由于会伤害家畜、毛皮珍贵而被肆意捕杀，已经出现全球性的种群数量下降。

麝

雄麝的脐香腺囊会发出独特的香味，于是人类将其腺囊中的分泌物取出晒干，用作香料或药材。麝因此被大肆捕杀，野生物种已经濒临灭绝。

水獭

生活在清澈的水里，以捕食小龙虾、青蛙、蛇等为生。河流污染导致其食物大量减少。如果污染进一步恶化，今后我们在野外可能连一只水獭都看不到了。

　　五月的城市比野外闷热多了。

　　没有了能遮挡阳光的树木，气温更是不断上升。城市里到处散发着难闻的气味，这气味来自灰尘、垃圾和车辆。这座城市曾是森林，有漂亮的野花、茂盛的植物，以及清澈的流水。

　　虽然我们因为生存的需求无法让城市恢复原貌，但至少我们能够不让生存的环境变得更差。

　　不如，就从现在开始努力吧！

濒临灭绝的动植物

　　让我们来了解一下，在野外自由生存的动植物，为什么会面临灭绝的危险吧。

脑力大比拼1

为什么风兰与鲜黄连越来越少见？

风兰

鲜黄连

① 风兰生长在树枝或岩石上，花朵是（　　　　）色的。

② 鲜黄连生长在深山里，花朵是（　　　　）色的。

③ 风兰和鲜黄连的花朵很漂亮，人们经常任意（采挖　种植），风兰与鲜黄连已经近乎消失了。

　　由于人类的肆意采挖，大自然中的风兰、寒兰与鲜黄连等植物已经不常见了。为了挽救濒临灭绝的野生植物，人们正在努力通过人工干预来保证其所在的生活环境不被干扰，并通过人工繁育保证其子代能够顺利更新。

答案：① 白 ② 粉紫 ③ 采挖

为什么野外的亚洲黑熊与老虎越来越少见？

亚洲黑熊　　　　　　　　　　老虎

① 亚洲黑熊的前胸有一道（半月形　满月形）的白色花纹。

由于熊胆汁对人体有益，使得人们大肆（捕杀　不捕杀）黑熊。

② 老虎的身上有（黑色　白色）的花纹。

人们为了获得老虎的毛皮而（捕杀　不捕杀）老虎。

③ 由于过度捕猎，亚洲黑熊与老虎已经越来越（常见　少见）了。

现在我们在山中几乎看不到亚洲黑熊、狐狸、老虎等动物，这都是人类为获取利益而大肆捕杀的结果。为了挽救这些濒临灭绝的野生动物，人们尝试将人工养殖的动物放回自然，并持续观察它们的生存状况。

答案：①半月形，捕杀 ②黑色，捕杀 ③少见

● **科学实验室**

被污染的水会对生物造成什么影响？

观察金鱼在干净的水和混有洗衣粉的水里状态的变化，了解动物数量减少的原因。

第 1 步 将金鱼放入盛有 500 毫升自来水的烧杯里，观察金鱼的活动状态。

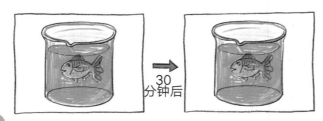

· 思考 ·

● 金鱼的活动状态发生变化了吗？（   ）

第 2 步 往水里加入 0.1 克洗衣粉，继续观察。

· 思考 ·

● 金鱼的活动状态发生变化了吗？（   ）

答案：1. 没有发生变化 2. 发生了变化

第**3**步 往两个盛有 500 毫升自来水的烧杯里各放入一条金鱼，然后分别加入 0.5 克和 1 克洗衣粉。观察金鱼的活动状态。

思考

● 哪个烧杯里的金鱼会更快地发生变化？

放入（　　　）洗衣粉的烧杯中的金鱼。

结论

① 洗衣粉会给金鱼造成（好的　坏的）影响。

② 环境被严重污染，生物（可以　无法）生存。

 小博士告诉你

　　洗衣粉的浓度越高，金鱼就越难以呼吸，活动能力也越差。生活废水、工厂废水及农药等渗入土壤或流入江河后会造成污染，动植物无法在被污染的土壤和水里生存。我们要认识到环境污染的严重性，为保护自然而努力。

思考答案：3.1 克 / 结论答案：①坏的 ②无法

遭到破坏的生物多样性

　　2019年发布的《生物多样性和生态系统服务全球评估报告》显示，目前全球物种灭绝速度比过去1000万年的平均值高数十倍至数百倍。在地球上大约800万个动植物物种中，有多达100万个面临灭绝威胁，其中许多物种将在未来数十年内消失。

生物多样性的现状

　　据世界自然基金会定义，生物多样性指地球生物圈中所有的生物，即动物、植物、微生物以及它们所拥有的基因和生存环境，

由于森林被破坏，许多生物失去了赖以生存的家园。

其表现就是千千万万的物种。

　　可以说，生物多样性是地球生命之源，也是人类生存和发展的基础。地球是我们目前赖以生存的唯一家园，如果生物多样性遭到破坏，人类也很难独善其身。

　　然而，世界自然基金会发布的报告指出，自1970年以来，在半个世纪的时间里，哺乳动物、鸟类、两栖动物、爬行动物和鱼类的全球种群数量平均下降了约2/3，并且这种下降没有放缓的趋势。

　　据统计，全世界每天有75个物种灭绝，每小时就有3个物种被贴上死亡标签。生物多样性正在以前所未有的惊人速度下降，人类消耗自然资源的速度已超出了地球再生速度。

濒危物种红色名录

从 1963 年开始，世界自然保护联盟（IUCN）着手编制《濒危物种红色名录》，将收录的物种，根据数目下降速度、物种总数、地理分布、群族分散程度等准则分类。最高级别是绝灭（EX），其次是野外灭绝（EW）。"极危"（CR）、"濒危"（EN）和"易危"（VU）3 个级别统称"受威胁"，其他顺次是近危（NT）、无危（LC）、数据缺乏（DD）、未评估（NE）。

根据名录上的介绍，中国的双峰驼、马尔维纳斯群岛的短尾信天翁、埃及的水鼠、中亚大草原上的高鼻羚羊等 11167 种动物正处于灭绝危机之中。仅仅不到两年的时间，濒临灭绝的灵长类动物已经从 120 种增加到 195 种。

渡渡鸟 1507 年被人类发现，1681 年灭绝。

已经消失的动物

17 世纪至今，已有 100 余种哺乳类动物彻底灭绝，其中许多动物因对人类有害而被猎杀灭绝。比如，一种名叫袋狼的动物就因为袭击家畜而被人类大量猎杀，最终于 1936 年灭绝。

1507 年，渡渡鸟在毛里求斯被发现，这种体态丰满、不会飞翔的鸟类，从遇到人类到灭绝用了不过 100 多年的时间。在关于渡渡鸟灭绝原因的诸多推测中，人类捕杀是目前被普遍接受的版本。

1922 年，中国犀牛宣布彻底灭绝。中国犀牛是印度犀、爪哇犀和双角犀的统称，曾经广泛分布在中国南方各省。中国犀牛的体形庞大，但生性善良，从不主动伤害人类。犀牛角十分稀有且具有药用价值，因此犀牛长期遭到人类的捕杀。

人们最后一次看到白鳍豚是在 2002 年。经过科学家长时间的水下探测，始终没有发现活的白鳍豚，因此宣告其功能性灭绝——即由于生存环境的破坏，物种丧失了在自然状态下维持繁殖甚至生存的能力。

全球保护生物多样性的举措

第二次世界大战以后，国际社会在发展经济的同时更加关注生物资源的保护问题，并且在拯救珍稀濒危物种、防止自然资源的过度利用等方面开展了很多工作。1948年，联合国和法国政府共同创建了世界自然保护联盟。1961年，世界野生生物基金会建立。1971年，联合国教科文组织提出了著名的"人与生物圈计划"。1992年，在巴西里约热内卢召开了联合国环境与发展大会，在此次"地球峰会"上，各国签署一系列有历史意义的协议，包括两项具有约束力的协议：气候变化公约和生物多样性公约。

世界各国正在采取一致行为，以共同应对日益严重的全球性生物多样性危机。一些国家通过建立国家公园来帮助野生动植物繁衍生息：德国建立了北海浅滩国家公园，以保护滩涂湿地；塞伦盖蒂国家公园是坦桑尼亚最大的国家公园，那里生活着约300万头狮子、大象、野牛、斑马、黑斑角马等大型哺乳类动物；美国红杉国家公园被联合国教科文组织（UNESCO）列入了《世界遗产名录》。在这个公园里，有一棵高83米、直径超过10米的巨杉，名字叫"谢曼将军"。

塞伦盖蒂国家公园　1981年，联合国教科文组织指定塞伦盖蒂国家公园为世界自然遗产。

中国的生物多样性保护

　　作为《生物多样性公约》较早的缔约国之一，中国一直积极参与有关公约的国际事务，并且是世界上率先完成公约行动计划的少数国家之一。

　　为拯救濒危野生动物，全国建成了 250 个野生动物繁育中心，实施大熊猫、朱鹮（huán）等七大物种的拯救工程。经过努力，中国野生大熊猫种群数量保持在 1000 只以上，生存环境继续得到良好改善；朱鹮种群数量由 7 只增加到 250 只左右，濒危状况得以缓解。除此之外，中国在长江流域已建立湿地自然保护区 167 处，国家湿地公园 291 处。

朱鹮

天然纪念物

　　"天然纪念物"这一概念最先由德国博物学家于 1800 年提出，后来逐渐被广泛传播。天然纪念物指的是本身拥有突出独特的价值，具备代表性的自然特质或文化意义，又很稀缺的地理事物，包括动物植物、地形地貌、遗址遗迹等。

　　美国的黄石国家公园、韩国一些地区的野生流苏树、日本知名的狐狸犬种秋田犬，分别被认定为当地的天然纪念物。

流苏树　开花的时候就像覆盖了一层白雪一样，十分壮观。

启明星科学馆

咳咳，喘不过气啦！

韩国好书工作室 / 著　　南燕 / 译

浙江教育出版社·杭州

终于到奶奶家来玩喽！

我坐在院子里仰望星空，发现农村的天空要比城市的天空更蓝。

城市和农村的天空为什么会如此不同呢？

我们生活的地球被看不见的气体包裹着，这层气体被称为大气，也就是我们看到的天空。

热层 气温随高度的增加而迅速升高

500 千米

中间层 气温随高度的增加迅速降低

80 千米

平流层 气温随高度的增加而增加

50 千米

10 千米

对流层 气温随高度的增加而降低

大气分层
随着与地表之间距离的增大，大气的性质也会发生变化。我们将包裹地球的大气分为对流层、平流层、中间层和热层。对流层就是最接近地面的部分，越往上温度越低，空气也越稀薄。所以我们在攀登很高很高的山时，越接近山顶就越会感到寒冷、呼吸越困难。

城市上空的大气掺杂了很多灰尘和杂质，所以相比农村的天空更浑浊。因此，城市的夜晚只能看到少量星星。

看不见星星的另一个原因
城市的夜晚太过明亮。建筑里的灯光、路灯、车灯和耀眼的招牌，这些灯光掩盖了星光，导致城市里很难看到星星。

臭氧层

大气是地球的保护罩，里面有维系我们生存的氧气。然而大气却遭受着污染和破坏，变得伤痕累累。

　　平流层中有一个臭氧层，负责吸收太阳光中的紫外线。然而受氟利昂的影响，臭氧层出现了空洞。大量紫外线穿过大气照射到我们的皮肤，是造成皮肤癌的主要原因。如今，为了保护大气中的臭氧层，全世界都在控制氟利昂的使用。

氟利昂是什么？
氟利昂一直被用作冰箱、空调及各种制冷机的制冷剂。在被查明是破坏臭氧层的罪魁祸首之后，氟利昂开始被限制使用。

大气污染的原因
汽车尾气、工厂和焚化厂的废气是造成大气污染的最主要原因。因此，各个国家都制定了污染物的排放标准，致力于大气保护。在中国，工业生产、燃煤取暖和汽车尾气是造成大气污染的主要原因。

从工厂废气、汽车尾气中逸出的物质造成了大气污染。这些污染物就漂浮在我们周围。

　　在工业发达的地方，废气的排放量更多。污染物通过呼吸道进入我们体内，会引起眼睛刺痛、嗓子疼痛，甚至会伴随咳嗽、呼吸困难。

即使是在寒冬，温室里也十分暖和。这是因为温室阻挡了热空气向外界逸出。

　　大气中的二氧化碳阻挡了地表热气的散发，使地球变成了一个巨大的"温室"，这就是温室效应。

　　自然状态下，二氧化碳就像地球的被子，发挥着保温的作用。然而随着石油、天然气的大量燃烧使用，越来越多的二氧化碳被排放到大气中，地球也就变得越来越热了。

　　地球温度上升会导致气候变化，影响生物生存。

　　随着气温升高，南极和北极的冰川逐渐融化。如果冰川全部融化，一半以上的陆地就会被海水淹没。

11

汽车排放出的大气污染物中，二氧化硫和氮氧化物会随着雨雪降落到地面。雨雪掺杂了这些物质后变成酸雨和酸雪。酸雨和酸雪中含有大量的有害物质，使树木枯萎死亡，还会腐蚀石头建筑，毒害鱼类。

什么是酸雨？

酸碱度低于 5.6 的雨雪或以其他形式出现的大气降水叫酸雨。工业生产排放了大量的二氧化硫和氮氧化物，它们经过复杂的转化生成硫酸、硝酸，最后随着雨雪降落地面。酸雨是日益严重的世界环境问题之一。

大气中的污染物和雾混杂在一起，就形成了雾霾。目前，世界上很多城市甚至农村都出现了雾霾现象。

　　世界上最早出现雾霾问题的城市有英国伦敦和美国洛杉矶。以这两个城市为例，我们可以将绝大多数雾霾归类为伦敦型雾霾和洛杉矶型雾霾。

什么是雾霾（smog）？

smog（雾霾）是 smoke（烟）和 fog（雾）的合成词。雾霾能够引发呼吸道疾病。

伦敦型雾霾	洛杉矶型雾霾
主要由暖炉排出的气体（二氧化硫）导致	主要由汽车尾气导致
深灰色	浅褐色
出现在冬季	出现在夏季

　　平流层里的臭氧
能够保护地球。但如果
臭氧出现在我们身边——也就
是对流层，就会成为有害物质。在炎
热的夏季，汽车尾气和强烈的阳光相遇产生臭
氧，使我们呼吸困难。如果有关部门已经发出了臭氧
预警，那么最好不要外出。

臭氧预警

年老体弱者
请减少外出。

当前臭氧浓度为0.38毫克/立方米

臭氧预警

如果地面臭氧浓度 1 小时内平均大于或等于
每立方米 0.3 毫克时，会发布臭氧黄色预警。
浓度 1 小时内平均大于或等于每立方米 0.4
毫克时，会发布臭氧橙色警报。而当浓度 1
小时内大于或等于每立方米 0.8 毫克时，则
需要发布臭氧红色预警。

　　在自然因素和人为因素的双重影响下，会出现一些非常恶劣的天气现象，沙尘暴就是常见的一种。

　　强风把地面的沙、尘，甚至碎石吹起，使大气能见度急剧下降、空气浑浊。

　　一旦出现沙尘天气，我们在外就一定要戴好口罩，回到室内要及时把手、脸洗干净。

什么是沙尘暴？

沙尘天气分为浮尘、扬沙、沙尘暴和强沙尘暴 4 类。尘土和细沙均匀地漂浮在空气中，是浮尘；尘土、细沙被风吹起，使空气变得浑浊，水平能见度在 1~10 千米，是扬沙；风力变强，空气更加浑浊，水平能见度降低到 1 千米以内，就是沙尘暴；当空气浑浊到水平能见度小于 500 米时，就是强沙尘暴。

大气污染对地球和人类的健康有害无益，所以我们要努力保护大气，减少污染。

　　乡村的空气之所以更清新，是因为那里绿树成荫，工厂和车辆较少。

树木可以吸收导致温室效应的二氧化碳，释放我们呼吸所需要的氧气，还可以净化空气、减少污染物。所以，种植和保护树木对净化大气益处多多。

城市的大气污染物主要来自汽车尾气。我们日常出行应该尽量选择公交车和地铁等公共交通工具，如果距离不远，步行或骑自行车也是不错的选择。

为了减少污染，科学家们研制出了电动汽车、氢动力汽车、太阳能汽车等环保车型。

汽车尾气里有什么？

传统汽车靠燃烧石油进行驱动，尾气中含有二氧化碳、一氧化碳、二氧化硫、硫化氢、氮氧化物、氨、臭氧、氧化剂等物质。这些念起来有些拗口的物质就是大气污染的罪魁祸首。

太阳能汽车

随着汽车尾气造成的污染越来越严重，科学家们也在努力研发环保汽车。太阳能汽车的工作原理是将太阳能转化为电力，以此驱动汽车。太阳能取之不尽，用之不竭，更重要的是，它不会产生危害环境的物质。

　　夜间照明需要用电，空调制冷或取暖也需要用电，工厂里机器的运转还是需要用电。

　　传统发电方式需要燃烧石油和煤炭等化石燃料，这个过程中会释放出大量的污染物。而核能发电会产生放射性的废料，无论对人类还是环境都十分危险。

所以科学家们正在努力寻找不产生污染的清洁能源，比如利用太阳辐射的太阳能、利用风力的风能等，与此相关的研究层出不穷。

在我们的日常生活中，力所能及地节约用电就是减少大气污染的好办法。

风力发电机
起风时，风车的叶片转动促进电机发电。

太阳能集热板
将太阳能收集起来转化为电能的装置。

地球是我们共同的家园，大气是我们共同的保护罩。

我们应该更努力地保护地球和大气，因为这是人类共同的责任。

否则，也许在不久的将来，我们就要扛着氧气罐生活了。

空气被污染了

下面让我们了解一下有关大气污染和酸雨的知识。

脑力大比拼 1

哪里的空气被污染了？

比较一下小澈和妮妮生活的地方，看一看哪里的空气被污染了。

小澈家周围

妮妮家周围

❶ 小澈和妮妮都把洗干净的白衣服挂在外面。几天后，（小澈　妮妮）的白衣服变脏了。由此可知，（小澈　妮妮）家附近的空气遭到了污染。

小澈的衣服

妮妮的衣服

❷ 观察被污染地区的周边环境。可以发现（汽车　自行车）排出的尾气、（工厂　溪水）排出的煤烟等对空气造成了污染。

小博士告诉你

　　当大气中的污染物持续存在，并对人体或动植物带来危害时，就可以判断大气遭到了污染。大气污染可分为人为的和自然的。汽车尾气、工厂煤烟、燃烧塑料时产生的有毒有害物质都是人为污染源；而火山灰、火山气体等是自然污染源。大气污染如果一直持续或程度越来越严重，会使人们患病、植物的叶片上出现斑点、动物血液运输氧气的功能减退、全球变暖，还可能导致自然灾害的发生。

答案：①小澈，小澈 ②汽车，工厂

脑力大比拼 2

酸雨有什么危害？

我们已经学习了大气污染的相关知识。大气污染的典型表现之一就是酸雨。那么，酸雨究竟是什么，又会给我们带来怎样的危害呢？让我们一起来了解一下。

工厂、家庭、汽车、发电厂制造出二氧化硫和氮氧化物，这些有毒物质与空气中的氧气发生反应并和水蒸气结合，产生硫酸、硝酸等强酸物质，溶解在雨水中落到地面。此时的雨水呈酸性，因此被称作"酸雨"。一般情况下，酸碱度（pH）低于 5.6 的雨雪和其他大气降水就属于酸雨。

酸雨形成的过程

酸雨会使土壤酸化，阻碍植物生长，造成森林荒芜。酸雨进入江河湖泊后，使水质变成酸性，水中的生物将难以生存。酸雨还能腐蚀大理石建筑和铜像，使它们面目全非，很多被誉为世界文化遗产的古老建筑被酸雨损坏了。如果人淋到酸雨，则会造成脱发，引起皮肤疾病等。

第1步 将从各地接到的雨水分别放入烧杯中。图①②③中盛有酸雨的烧杯是（　　　）。

①

酸碱度（pH）= 3.2

②

酸碱度（pH）= 6.5

③

酸碱度（pH）= 8.7

第2步 下面两幅图分别是某村庄过去和现在的景象。被酸雨破坏的是图（　　　）。

① 过去的景象

② 现在的景象

第3步 因为（　　　），植物无法茁壮生长，江河湖泊中的鱼类死亡。同时，用金属或大理石制成的建筑物遭到腐蚀，人类患上皮肤疾病。

小博士告诉你

　　要减少酸雨的危害，首先必须减少造成酸雨的污染物——工厂烟囱排出的废气和汽车尾气。工厂减少使用煤炭、石油等化石燃料，并在工厂烟囱中加装过滤装置，可以有效减少有害物质的释放。在我们的日常出行中，如果距离较近，建议选择步行，或以公共交通工具来代替私家车，这样就能减少汽车尾气的排放。

答案：1. ① 2. ② 3. 酸雨

包围着地球的大气

大气将巨大的地球包裹起来，不仅能阻止地球上的热量逸失到宇宙中，还可以阻挡阳光中强烈的紫外线，使地球上的生物生活在适宜的温度之中。

包围着地球的空气

地球的外面裹着厚厚的大气层，这是厚度达 500 千米的空气层，可以根据温度的不同分为 4 层。因为大气的存在，地球上的动物才能够呼吸，植物才得以生长，地球上的气温才能够维持在适宜的状态。

大气主要由氮气（78%）和氧气（21%）组成，剩下的 1% 是二氧化碳与氢气等气体。

大气污染威胁生命

一个人每天呼吸所需的空气多达 16 千克。一个成年人每分钟呼吸 12~14 次，儿童则每分钟呼吸 20 次左右。

人类如果无法呼吸超过几分钟，就会窒息死亡。然而随着人口增长、工业和城市发展，宝贵的空气资源渐渐被污染。随着工厂、汽车、家庭排出的污染物越来越多，如今大气污染不仅威胁着人类的身体健康，更威胁着地球上所有的生命。

世界卫生组织（WHO）将"大气污染"定义为：大气中的污染物含量、浓度和持续时间引起多数居民的不适，危害到人体健康、动植物生长和正常的生活生产活动。

大气污染物

造成大气污染的物质大体上可以分为气态污染物和颗粒状污染物，细分种类则多达 200 余种。

汽车在发动引擎的同时会通过排气管排出尾气，这些气体进入到空气中就会造成污染。大部分城市的大气污染都是汽车尾气造成的，工厂的烟囱和家庭供暖设备排放出的一氧化碳也是导致污染的重要原因。一氧化碳会破坏血液的携氧能力，使人呼吸困难，对人体危害极大，严重时甚至会造成窒息死亡。

煤炭和石油在燃烧时释放的气体也是造成空气污染的一个原因。轮胎、塑料等在燃烧时，同样会产生对身体有害的气体。

空气污染物的种类与来源

一氧化碳　二氧化硫　氮氧化物　烃（tīng）

垃圾焚烧　发电厂　工厂废气　汽车尾气

一氧化碳　无色无味的气体。在隧道、密闭的车库、车流量大的地方，存在大量的一氧化碳。

二氧化硫　燃烧煤炭、石油时释放出的气体，会对眼睛和呼吸器官造成刺激，能够腐蚀金属。

烃　塑料不完全燃烧或汽车轮胎磨损时释放的气体。能够与阳光发生反应，是造成雾霾的主要原因之一。

氮氧化物　燃料燃烧时产生的有色有味的气体，会对眼睛和呼吸器官造成刺激。

除了人为因素。自然灾害也会造成大气污染。火山爆发或山火也是造成大气污染的原因之一。火山一旦爆发，就会喷涌出大量碎屑物，遮天蔽日，不仅会引起气候的急剧变化，还会使土壤变成酸性，给山林和田地带来巨大的危害。

1815 年印度尼西亚中部的坦博拉火山大爆发，就是有史以来最大的自然灾害之一。火山爆发的声音传播了 1500 公里。火山灰覆盖了方圆 1500 千米的土地，周围持续黑暗长达 7 天。这次火山爆发直接导致 1 万人死亡，农作物受损，几万人饱受饥饿的折磨。

火山爆发

· 酸雨

酸雨可导致土壤酸化，造成土壤矿物质营养元素的流失，影响植物的生长，造成农业减产。酸雨还会损坏建筑物，使其表面变脏变黑，影响城市景观。同时，酸雨对人体健康也存在很大的威胁，会导致免疫力下降，引起呼吸道疾病等。

· 雾霾

烟尘和污染物会随着空气的流动而飘散开来。在没有风的天气，如果一个四面环山的地形中排出了大量的污染物，那么该地区的污染指数将会大大升高。污染物就会像雾一样弥漫在整个天空，这种现象就是雾霾。雾霾严重时，能见度非常低，对人类呼吸道危害巨大，因此也被称为"死亡之雾"。

· 温室效应

大气层能够锁住地表白天的热量，保证夜间温度不会急剧下降，这就是温室效应。一旦大气层无法履行这一"职责"，地球到了夜间就会非常寒冷，使人类无法生存。

二氧化碳含量增多会造成地球的温度大幅上升。这样的温室效应如果持续下去，就会改变全世界的气候，导致台风、洪水、干旱等自然灾害频繁发生，南北极的冰川也会融化。

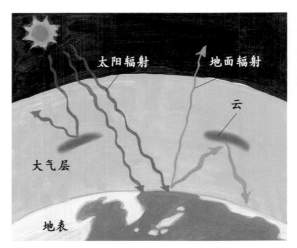

温室效应
二氧化碳吸收地面的热量，使其无法逸散到大气层外。

如何减轻大气污染

如果从大气污染的源头加以控制，就能在一定程度上防止大气污染。

汽车尾气是大气污染的主要原因之一。因此我们可以在日常生活中尽量选择步行、骑自行车，或乘坐公交车等公共交通工具，少开私家车。

发电厂也会排放出大量污染物。我们可以节约用电，减少供暖设备和空调的使用，寻找污染少且可循环利用的能源，如太阳能、潮汐能、风能等。

在工厂烟囱中加装过滤器（集尘器）也有助于减轻大气污染。

对垃圾进行分类处理，尽量减少焚烧，也是减轻大气污染的有效方法。

**公交车与私家车
的耗油量对比**

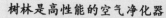

树林是高性能的空气净化器

随着工业化和城市化的发展，大量粉尘、煤烟被排放到空气中，其中对人体有害的飞灰、二氧化硫、氮氧化物等污染物能被树叶的气孔吸收或附着在叶片上，空气由此得到净化。1公顷针叶林每年可以过滤掉30~40吨的灰尘。

所以，城市中心地带与树林里所含有的灰尘数量差异巨大。在市中心，1升空气中含有10万~40万粒灰尘；而在树林中，1升空气中的灰尘仅有几千粒。可见，植树造林是防止大气污染的有效方法。

1升油可以使公交车行驶5千米，使私家车行驶15千米。
1辆公交车能载50名乘客，1辆私家车可以载5名乘客。
按照15千米的路程来计算每人的平均耗油量，公交车仅为0.06升，私家车则为0.2升。

启明星科学馆

第一辑
生命科学

植物
池塘生物真聪明
小豆子长成记
植物吃什么长大？
花儿为什么这么美？
植物过冬有妙招
小种子去旅行

动物
动物过冬有妙招
动物也爱捉迷藏
集合！热带草原探险队
动物交流靠什么？
上天入地的昆虫
哇，是恐龙耶！

人体
小身体，大秘密
不可思议的呼吸
人体细胞大作战
我们身体的保护膜
奇妙的五感
我们的身体指挥官
食物的旅行
扑通扑通，心脏跳个不停

第二辑
地球与宇宙

环境
咳咳，喘不过气啦！
垃圾去哪儿了？
脏水变干净啦
濒临灭绝的动植物

地球
天气是个淘气鬼
小石头去哪儿了？
火山生气啦！
河流的力量
大海！我来啦
轰隆隆，地震了！
地球成长日记

宇宙
地球和月亮的圆圈舞
太阳哥哥和行星小弟
坐着飞船游太空

生命科学

生物
机器人是生物吗？
谁被吃了？

物质科学

能量
寻找丢失的能量

地球成长日记

韩国好书工作室 / 著   南燕 / 译

浙江教育出版社·杭州

扫码听音频

几百万年前，几千万年前，几亿年前，几十亿年前……嗯，大概是 46 亿年前，那个时候地球上有什么生物呢？

　　答案是，什么都没有。

　　准确地说，当时的地球刚刚诞生，就像一个滚滚燃烧的大火球，不适合任何生物生存。然后，过了几百万年，几千万年，几亿年……

关于地球的诞生有多种推测，其中最受认可的一种观点是：太阳出现后，周围的气体和尘埃凝聚在一起形成了地球。

地球上的火焰燃烧了很久才熄灭，地球表面形成了一层薄薄的但是坚硬的外壳，叫作地壳（qiào）。观察一下煮热的粥和牛奶，冷却后的表面是不是结出了一层皮？地球表面形成的那层坚硬的外壳，就是类似的道理。

　　当时，地球外层充满了水蒸气。水蒸气又源源不断地形成雨水落到地球表面。这场雨，下了几百万、几千万、几亿年。地表的积水终于形成了海洋。

　　在这之后，又过了几百万、几千万、几亿年。

在看似空无一物的海洋里，奇迹正悄悄发生——最初的生命诞生了！

它们是仅由单个细胞构成的微小生物，小到用肉眼根本看不到。

这些生命会不断复制，创造新生命。

新生命又继续复制……一个个生命扩散到海洋各处。

就这样，又过了几百万、几千万、几亿年。

　　微小生物不断进化成为更复杂的生命体。后来，在较浅的海底出现了能够制造氧气的生物。

　　于是，又过了几百万、几千万、几亿年。地球上的氧气多了起来，生物的体积在变大，物种也越来越复杂、多样。

　　时光又走了几百万、几千万、几亿年。

奇虾
体长约 1 米，长着可怕的螯足和坚硬的牙齿，在海洋中四处游荡，捕食各种生物。

三叶虫
在海洋底部爬行。坚硬的背甲被两条背沟分成大致相等的三片，因此被称为"三叶虫"。

箭石
外形像乌贼，头部长有触手，外壳像角一样坚硬。

甲胄（zhòu）鱼
地球上最早出现的鱼类之一。

　　这一时期，海洋中的生物种类骤增，出现了很多千奇百怪的生物，三叶虫是最具代表性的一种。我们通过出土的化石发现了它们的存在。

　　此后，又过了成百上千万年，有脊椎骨的鱼类出现了。在此之前，地球上所有的动物都是没有脊椎骨的。

　　接着，时间又过了几百万、几千万年。

真掌鳍鱼
用肺呼吸、鱼鳞中长
有骨骼的鱼类。

双鳍鱼
用肺呼吸的鱼类，被认为是
两栖类动物的祖先。

　　在超过30亿年的漫长时间里，陆地遍布泥土和岩石，甚至连一棵小草也没有，只有海洋里有生物存活。

　　渐渐地，海洋里的生物开始登上陆地。首先，植物在陆地扎根。再过去成百上千万年之后，昆虫出现了。

鱼石螈（yuán）
最早来到陆地的脊椎动物之一，虽然主要在水中生活，但可以用四肢行走。

孔螈
两栖类动物，由于尾巴与鱼类相似，推测其主要生活在水中。

两栖类动物是指如青蛙、娃娃鱼之类的动物，幼年期在水中度过，成年后长出肺，可以在陆地上生活。

继植物与昆虫之后，部分鱼类也来到水岸边。它们的鱼鳍逐渐进化成腿和脚，呼吸器官也由腮进化为肺。至此，两栖类动物初现。时间就这样又过了成百上千万年。

动物们不断进化，有的巨大无比，有的微小如尘埃，千奇百怪，各具特色。曾经尘土飞扬的大地，开始有了绿色的生机。高大的植物形成了茂密的森林，比老鹰还大的蜻蜓在高大的树木之间飞来飞去。

一些两栖类动物为了适应陆地生活，进化成爬行类动物。时间又过去了成百上千万年，海洋和陆地上的物种也越来越多。

爬行类动物是指像蛇、鳄鱼一样的动物，它们用肺呼吸，在陆地上生活，通过产卵来繁衍后代。

始螈
肉食类两栖动物，身长可达 4 米，被认为是爬行类动物的祖先。

林蜥
最早完全适应陆地生
活的爬行类动物。

巨蜻蜓
翼展可达 75 厘米
的远古大蜻蜓。

3.5 亿年前 2.8 亿年前

此时，地球上的陆地仍是一个统一的整体，即名为"盘古大陆"的超大陆。各处的火山接连爆发，黑乎乎的火山灰遮天蔽日，地球表面开始变冷。由于无法进行光合作用，植物相继死亡，动物的生活也十分艰难，一些物种就此消亡。

接着，时光又流过了几千万年。

火山爆发导致大批物种灭绝

2.45 亿年前

翼龙

霸王龙

剑龙

恐龙的全盛时期 | 哺乳类动物出现

地球进入了新一轮生命繁荣期，新物种陆续出现。在大大小小的物种更替过程中，恐龙的势力逐渐壮大，称霸地球长达1亿6000万年。

在这一阶段，用乳汁哺育幼崽的哺乳类动物出现了。但它们受制于恐龙，不敢恣意妄为，只能躲在地洞里生活。

腕龙

副栉（zhì）龙

鼩鼱（qújīng）
最早出现的哺乳类动物之一，为躲避敌害，多在夜间活动，捕食昆虫和蚯蚓。

2.45 亿年前　6500 万年前

在距今 6500 万年的某一天，一颗巨大的陨石从天而降，撞击溅起了无数尘埃。这些尘埃遮挡住阳光，使地球变得漆黑一片。恐龙因为无法忍受寒冷和饥饿而逐渐死亡。同时灭绝的，还有地球上超过 2/3 的其他生物。

关于恐龙灭绝的真实原因，一直有很多推测。但可以确定的是，当时躲在地洞里的哺乳类动物幸存了下来。

腕龙

鼩鼱

扭椎龙

似鸟龙

恐龙灭绝了，哺乳类动物取而代之，成为地球的新霸主。它们从地洞里走出来，将活动范围扩张到森林、草原。在适应新环境的过程中，哺乳类动物不断进化和繁殖，分化出很多物种，猿就是其中之一。

就这样，又过了上千万年。

剑齿虎

长鼻跳鼠

哺乳类物种数量剧增

亚辟猴

恐鹤

到了距今 800 万~500 万年前，猿类中出现了一类用两条后腿走路的物种。研究者认为，这个物种就是人类的祖先。它们与今天的黑猩猩差别不大。

在这之后的数百万年间，人类也在不断进化。

大约 250 万年前，人类学会了使用工具。

大约 160 万年前，人类开始使用火。

人类的大脑逐渐变大，并且越来越聪明。

人类学会使用工具

在很长一段时间里，人类主要在山上活动，靠捕捉野兽和采摘果实为生，有时也会猎取大海中的鱼类和贝类。

大约1万年前，人类开始进行耕种。他们聚居到肥沃的土地附近，形成大型村落，用来交换、买卖物品的市场也随之出现。

人类以极快的速度发展，大地、海洋、天空，人类的足迹如蜘蛛网一般覆盖了整个地球。

如今，哺乳类动物中的人类已经成了地球的"统治者"。

现在 25

地球诞生 46 亿年，生命诞生 38 亿年，无数生命在地球上生存又消亡。

人类能成为地球永远的居留者吗？

在遥远的未来，是否会有其他的生命成为地球的新主人？

或许，人类也只是地球上的过客。

化石中的地球历史

让我们一起来观察化石，了解这些生物变成化石前生活过的环境和时代，以及化石形成的过程。

脑力大比拼 1

什么是化石？

观察下面两幅图中的生物痕迹，了解化石的相关知识。

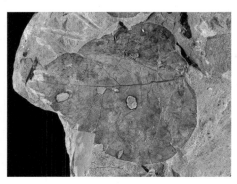

① 存留在地层或岩石中的古生物遗体或遗迹叫作（　　　　）。

② 化石与古生物实际的模样（相似　不同）。左图是（鱼　树叶），右图是（鱼　树叶）。

③ 左图是（动物化石　植物化石），右图是（动物化石　植物化石）。

大部分生物死后，要么腐烂，要么被其他动物吃掉，很少能留下痕迹，只有极少一部分生物能变成化石。研究生物化石能够帮助我们了解生物生存的年代，以及它们与现今物种的异同。

答案：①化石 ②相似，鱼，树叶 ③动物化石，植物化石

化石能告诉我们什么？

观察各种化石，了解变成化石的生物曾经生活过的时期与环境。

① 树木生长在陆地上，由此可以推断，出现树叶化石的地方在过去可能是（陆地　海洋）。

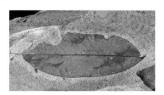

② 蕨类植物生长在温暖地区，由此可以推断，出现蕨类植物化石的地方在过去可能属于（温暖地区　寒冷地区）。

③ 珊瑚生活在温暖的浅海，由此可以推断，出现珊瑚化石的地方在过去可能是（温暖的浅海　寒冷的深海）。

④ 三叶虫是古生代时期的海洋生物，由此可以推断，出现三叶虫化石的地方可能是（古生代　中生代）时期形成的地层。

古生物学者在发现化石时，会先小心翼翼地将化石挖出，再妥善运到研究室进行测量，之后再仔细研究化石的特征，揭晓变成化石的生物曾经生活在哪个时代和什么环境里。

答案：① 陆地　②温暖地区　③温暖的浅海　④古生代

● 科学实验室

化石是怎样形成的？

岩石和土壤经过成千上万年的层层堆积，形成地层。地层中留存着曾经生存过的生物的化石。亲手制作一个化石，了解化石的形成过程。

第 1 步 用黏土做一个平板，用恐龙模型在黏土上按出脚印。

第 2 步 在有恐龙脚印的一面均匀地抹上食用油，然后在上面倒一些石膏浆。

【 思考 】

● 为什么要抹食用油？
  这是为了使黏土板与石膏浆更容易
  （粘在一起　分离）。

第 3 步 待石膏浆凝固后，小心地把石膏从黏土上剥下来。

【 思考 】

● 石膏浆起到了什么作用？
  石膏浆充当了在黏土上堆积的（地层　化石）。

答案：2. 分离 3. 地层

① 石膏上的恐龙脚印相当于（地层　化石）。

② 由（泥土　岩石）构成的土地像黏土一样柔软，恐龙走在上面会留下脚印，这个脚印就有可能形成化石。

小博士告诉你

三叶虫化石的形成过程

1. 生活在海里的三叶虫死后沉入海底。

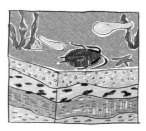
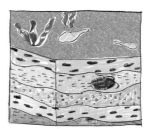

2. 三叶虫尸体上的泥土不断堆积，经过很长时间以后，三叶虫的尸体变为化石。

3. 地壳运动导致水下地层上升。

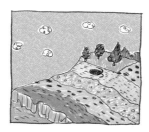
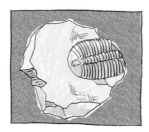

4. 地层断裂，化石裸露。研究者发现三叶虫的化石，初步推断这里曾经是海洋。

答案：① 化石　② 泥土

31

在很久以前的地球上

　　没有人亲眼看见地球的诞生。但是，我们可以通过研究地层和地层中的化石，来推测遥远的过去。

● 地质时期的划分

　　地球历史上自有岩层记录以来的时期被称为地质时期。由于没有确切的历史记录能告诉我们地质时期的情况，因此研究者们需要通过研究地层和化石来了解古代的生物。

　　地质时期大致可分为前寒武纪、古生代、中生代和新生代。划分标准是突然出现的生物灭绝或大变化现象。在前寒武纪时期，生物已经出现，但极其微小，并且没有坚硬的骨骼和外壳。

　　生物的正式出现是在古生代。从此，时间被分为更小的单位"纪"。到新生代以后，"纪"又被划分为更小的单位"世"。这是因为时间越接近现在，生物留下的痕迹就越多，我们就可以对地质年代进行更为详细的划分。

新生代	第四纪	距今约 260 万年 ~ 现在
	新近纪	距今约 2300 万年 ~ 260 万年
	古近纪	距今约 6600 万年 ~ 2300 万年
中生代	白垩纪	距今约 1.45 亿年 ~ 6600 万年
	侏罗纪	距今约 2.01 亿年 ~ 1.45 亿年
	三叠纪	距今约 2.52 亿年 ~ 2.01 亿年
古生代	二叠纪	距今约 2.99 亿年 ~ 2.52 亿年
	石炭纪	距今约 3.59 亿年 ~ 2.99 亿年
	泥盆纪	距今约 4.19 亿年 ~ 3.59 亿年
	志留纪	距今约 4.44 亿年 ~ 4.19 亿年
	奥陶纪	距今约 4.85 亿年 ~ 4.44 亿年
	寒武纪	距今约 5.41 亿年 ~ 4.85 亿年
前寒武纪		距今约 46 亿年 ~ 5.41 亿年

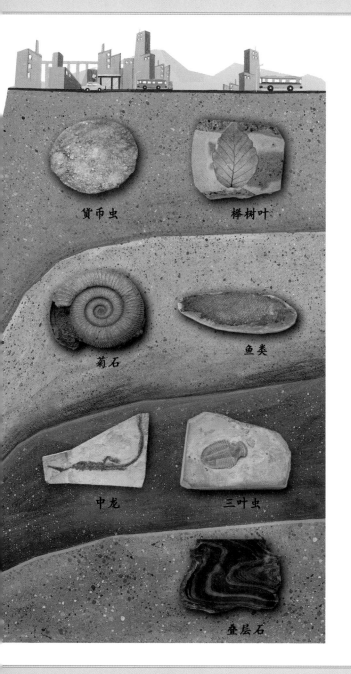

货币虫

榉树叶

菊石

鱼类

中龙

三叶虫

叠层石

新生代 指从 6600 万年前到今天的地质年代。现在地球上的大部分生物都是在新生代时期出现的。新生代初期，货币虫和软体动物大量繁殖，植物中柞（zuò）树、杨树等被子植物十分繁盛。这一时期地表有很多广阔的大草原，哺乳类动物的时代就此开启。人类的祖先出现于新生代末期。

中生代 指从 2 亿 5200 万年前到 6600 万年前的时期。与古生代相比，中生代出现了许多高等生物。菊石遍布全世界的海洋。中生代时期爬行类动物极其繁荣，特别是恐龙数量庞大。银杏、苏铁等裸子植物十分茂盛。这一时期出现了鸟类的祖先始祖鸟和哺乳类动物的祖先。

古生代 指从 5 亿 4100 万年前到 2 亿 5200 万年前的时期。古生代初期出现了一些无脊椎动物，三叶虫和腕足动物数量很多。此后，鱼类（脊椎动物）出现并大量繁殖，生物开始从海洋走向陆地。石炭纪时期形成的地层中含有丰富的煤炭。在古生代末期，海洋中 95% 的无脊椎动物灭绝了。

前寒武纪 指从地球诞生开始的 46 亿年前到 5 亿 4100 万年前的时期，是地质年代中跨度最长的时期。这一时期虽然有生物出现，但几乎没有留下化石，古生物学者仅在叠层石上发现了一些藻类和细菌等低等生物的化石，以及前寒武纪后期的埃迪卡拉生物群等动物化石。

· 把地球的历史做成"日历"

如果我们把整个时间跨度转换为一年，把地球诞生的那一瞬间定为 1 月 1 日 0 时，那么我们就可以计算出各个地质年代对应的日期。

46 亿年前	地球诞生	1 月 1 日	00:00:00
40 亿年前	地壳形成	2 月 18 日	12:00:00
38 亿年前	最初的生命诞生	3 月 15 日	10:00:00
25 亿年前	氧气产生	6 月 16 日	15:00:00
5 亿 7000 万年前	三叶虫出现	11 月 16 日	18:31:00
4 亿 5000 万年前	鱼类出现	11 月 26 日	07:02:00
3 亿 6000 万年前	两栖类动物出现	12 月 3 日	10:26:00
3 亿 2000 万年前	爬行类动物出现	12 月 6 日	14:35:00
2 亿 4500 万年前	生物大灭绝	12 月 12 日	13:26:00
2 亿 2500 万年前	恐龙出现	12 月 14 日	03:31:00
2 亿 1000 万年前	哺乳类动物出现	12 月 15 日	08:05:00
6500 万年前	恐龙灭绝	12 月 26 日	20:13:00
550 万年前	最初的人类出现	12 月 31 日	13:36:00
1 万年前	人类文明开始	12 月 31 日	23:58:51

叠层石

纺锤虫

笔石

菊石

恐龙蛋

■ 原始地球
■ 前寒武纪
■ 古生代
■ 中生代
■ 新生代

· 生命的诞生和进化

科学家们认为，最初的生命体出现在海洋里，由单个细胞构成，后来出现了能够通过光合作用产生氧气的细胞，接着又出现了呼吸氧气的生物。

大气成分持续改变，地壳运动频繁，地貌多次更迭，气候变幻无常。生物为适应环境变化，遵循着从低等到高等、从简单到复杂的规律不断进化。

再现地球历史的化石

化石像石头一样坚硬，一般是指生物尸体腐烂后留下的坚硬的骨骼、外壳、牙齿，但也包括动物的脚印、排泄物等痕迹。化石是帮助我们了解、区分地质年代以及各种生物的重要依据。广义上，煤炭、石油、天然气也属于化石。

鱼类死后沉入海底。

柔软的部分腐烂，只留下坚硬的骨骼或外壳。

泥土层层堆积，矿物的渗入使骨骼变得像石头一样坚硬。

由于地壳变动、地层破裂，化石露出地表。

南方古猿　　直立人　　尼安德特人　　克罗马农人

• 人类的进化过程

最早的人类生活在距今约 550 万年前的非洲，被称为南方古猿。最早的直立人距今200 万 ~150 万年，他们可以直立行走并会

使用火。尼安德特人出现在距今 30 万年前。此后，人类的直系祖先克罗马农人出现。目前发现的最古老的克罗马农人化石，距今约 4 万 ~3 万年。

启明星科学馆

轰隆隆，地震了！

韩国好书工作室 / 著　　南燕 / 译

扫码听音频

浙江教育出版社·杭州

2008 年 5 月 12 日下午 2 时 28 分，地动山摇，中国四川省汶川县发生了大地震。

建筑物化为废墟，高架桥倒塌，车辆坠落，铁路断裂，火车翻倒在路旁。

地震没有在一天内结束，
第二天、第三天，大大小小
的地震发生了几千次。

地震给人们造成的伤害简直令人惨不忍睹。

如果其他地方也发生这样强烈的地震，人们应该怎么办呢？

让专家来告诉大家吧!

各领域的专家聚集在了一起。

首先，地质学家说明了地震为何会发生。

"地震是由大地的运动引起的。"

什么？大地会动？人们怎么从来没感觉呢？大家可能觉得这简直太不可思议了。

"没错。我们脚下的大地被称作地壳，地壳漂浮在柔软而滚烫的地幔上面。"

地球内部是什么样子呢？

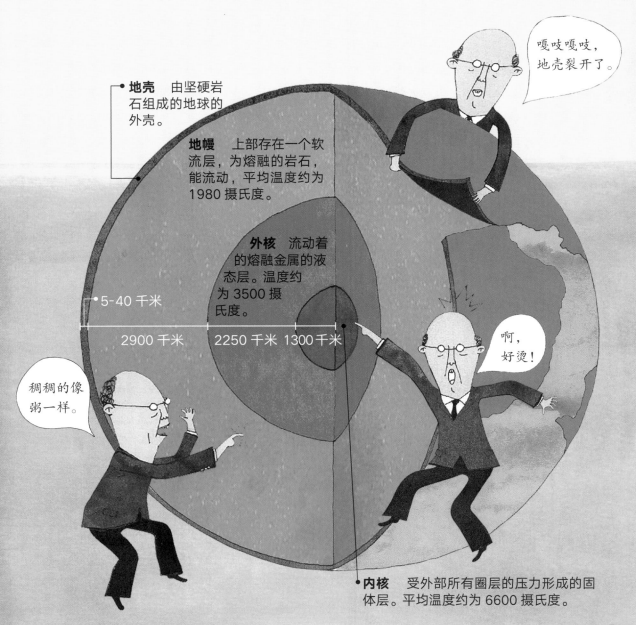

地壳 由坚硬岩石组成的地球的外壳。

地幔 上部存在一个软流层，为熔融的岩石，能流动，平均温度约为 1980 摄氏度。

外核 流动着的熔融金属的液态层。温度约为 3500 摄氏度。

5-40 千米

2900 千米　2250 千米　1300 千米

嘎吱嘎吱，地壳裂开了。

啊，好烫！

稠稠的像粥一样。

内核 受外部所有圈层的压力形成的固体层。平均温度约为 6600 摄氏度。

这么说来，大地确实会动？

"当然啦，地幔上部就像煮沸的粥一样不断地运动着。试想一下，地壳漂浮在这'粥'的上面，当然会随着它运动啦。"地质学家将裂开的巨大地壳碎片称为"板块"。

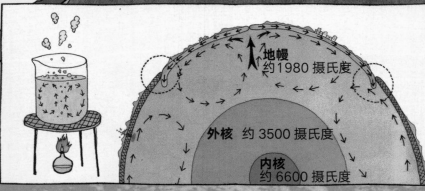

地幔 约1980摄氏度

外核 约3500摄氏度

内核 约6600摄氏度

地幔为什么会运动呢？

我们都知道水沸腾时温度较高的水会上升，而温度较低的水会下沉。地幔的运动与沸水一样，即靠近地核的地幔因温度较高而向外运动，远离地核的地幔因温度较低而向内运动。

9

难道板块一晃动就会地震吗？

这真是令人担心啊！

"不是的，只有在板块突然发生剧烈运动的时候才会发生地震。"

听了地质学家的话，大家还是疑惑：

"板块为什么会突然剧烈运动呢？"

"相邻的板块之间有3种运动状态——相向运动、背离运动和错动。"地质学家解释道。

两个板块向相反的方向运动，厚数十千米的地壳岩层破裂，就产生了地震。

板块背离

岩浆从裂缝中涌出

"一般情况下，板块一年只移动几厘米。但是如果继续移动下去，板块持续弯曲变形，会在某一瞬间突然断裂。这时板块就会发生剧烈运动，引发地震。"

板块移动，出现错位，地震就发生了。

板块错动

板块挤压碰撞

一侧板块向下沉降并熔化

一侧板块向上抬升

一块板块插入到另一块板块的底部，岩层就会产生剧烈运动，板块交界处就会形成地震。

11

那么汶川地震是如何发生的呢？

地质学家拿出了一幅标示各板块边界的地图。

"大家请看，四川省正好处于欧亚板块与印度板块的交界处。这两块板块相互碰撞导致了这次地震的发生。"

那么，是不是所有国家和地区都会发生这样严重的地震呢？

就像蛋壳上的裂缝一样。

欧亚板块

阿拉伯板块

印度板块

非洲板块

菲律宾海板块

澳洲板块

南极板块

"不用担心，世界上很多国家和地区距离板块的交界地带比较远，即使板块之间发生碰撞也不会产生大地震。图上的黑色三角形标示了地震高发地区。大家看，地震主要发生在板块的交界地带。"地质学家又展示了一幅地图。

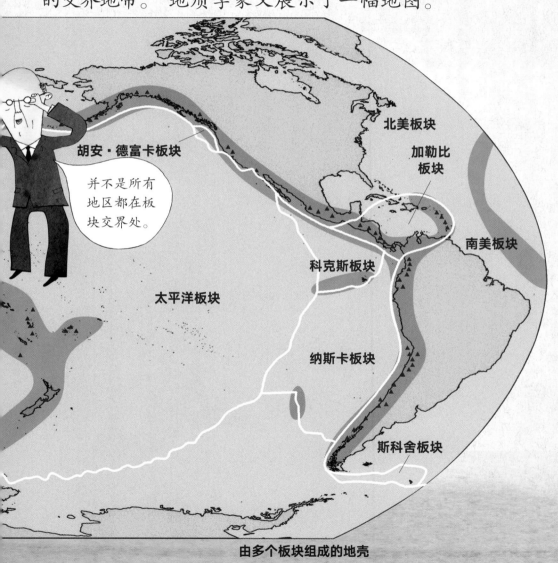

并不是所有地区都在板块交界处。

胡安·德富卡板块

北美板块

加勒比板块

南美板块

科克斯板块

太平洋板块

纳斯卡板块

斯科舍板块

由多个板块组成的地壳

那就是说不在板块交界地带上的人们就不用担心发生地震了？

"不是的。如果长时间受挤压的话，板块还可能断裂。"

地理学家拿起泡沫塑料板给大家做了一个实验。

"像这样板块与板块相撞的话，板块内部也有可能断裂。这样一来，板块内部就有可能发生地震。实际上很多地区每年都会发生几次地震。"

这真是令人大吃一惊。

板块内部也有可能发生地震。

天哪！

板块

板块

日本熊本县地震导致房屋倒塌

海地太子港地震导致山体滑坡

地球上的很多地方都会发生地震。

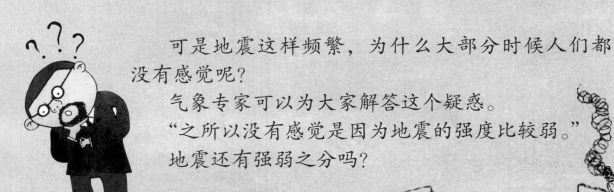

可是地震这样频繁，为什么大部分时候人们都没有感觉呢？

气象专家可以为大家解答这个疑惑。

"之所以没有感觉是因为地震的强度比较弱。"

地震还有强弱之分吗？

地震越强，"里氏震级"的数字越大。

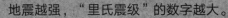

震 级	2.0~3.4	3.5~4.2	4.3~4.8	4.9~5.4
全球每年发生次数	约 800000 次	约 30000 次	约 4800 次	约 1400 次
特 征	人感觉不到，只能通过机器探知	少数人能够察觉	许多人有感觉	所有人有感觉

离地震发生地越近，地震强度越大，晃动也就越剧烈。

"当然啦。所以人们用'里氏震级'这个单位加上数字来表示地震的强度。"

震中 震源正上方的地面，晃动十分剧烈。

震源 地震发生的源头，深度几百米至几千米的各个位置均可能因岩层破裂引发震动。

5.5~6.1	6.2~6.9	7.0~7.3	7.4~7.9	8.0 以上
约 500 次	约 100 次	约 15 次	约 4 次	约 0.1~0.2 次
建筑损伤轻微	建筑损伤较大	破坏严重，铁路断裂	破坏极为严重	接近毁灭性破坏

19

怎样判断地震的强度呢？

"通过观察地震波可以判断地震强弱。地震发生后，它的力量会像水的波纹一样向四面八方扩散。我们把这种力量称为'地震波'。"

气象专家拿出了一个奇怪的仪器。

"这是地震仪，用它可以测量地震波的大小。地震波传过来，地震仪上的指针就会移动。"

P波（纵波）：使地面上下晃动的地震波
就像弹簧被压之后会突然弹起，P波导致的晃动会快速传向地表。

我们先感受到的是使地面上下晃动的地震波。

地震仪

震中

震源

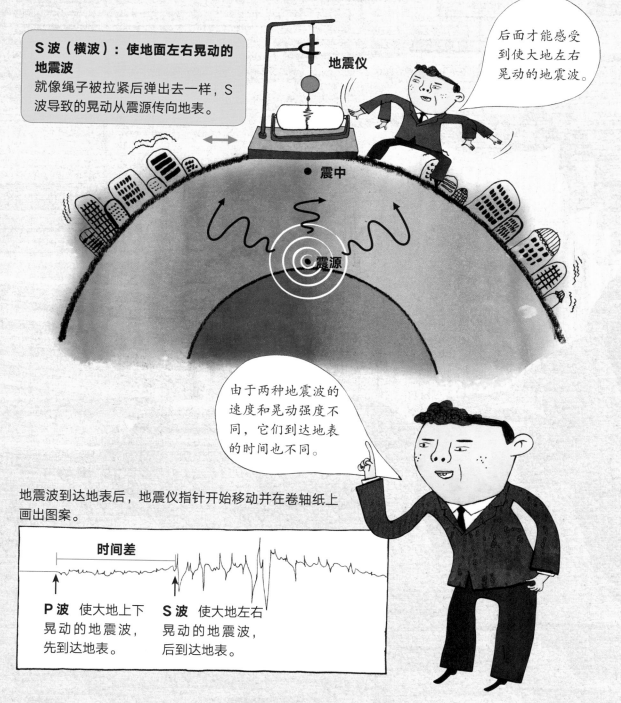

那能像预报天气一样预报地震吗？
大家都很关心这个问题。
建筑专家摇摇头：
"非常遗憾，目前地震预报还存在很大难度。所以我们要随时做好准备，尽量减少地震发生时可能造成的损失。"

用"×"形房梁盖房子，这样大地左右摇晃时，房子不容易倒塌。

建筑专家向大家详细地说明了减轻地震灾害的方法。

"我们应该建造地震时不容易倒塌的建筑物。比如日本经常发生地震，但是因为日本的建筑都有良好的抗震性能，因此地震造成的损失通常比较小。"

盖楼时，在建筑物和地面之间垫一层橡胶。橡胶可以减轻地面晃动对建筑物的影响。

23

那么发生地震时人们应该怎样做呢？
消防专家建议大家：
"寻找安全地带避难，听从专业人士的
指示，同时避免火灾的发生。"
这些建议给了人们很好的指导。
大家可不要忘记哦！

寻找开阔的地方避难。

得赶快躲到
安全的地方。

不要靠近容易倒塌
的树木或电线杆。

25

科普讲座结束了，大家深深地意识到了地震的危害。

我们平时要多学习防震减灾的知识；政府也要做好防震减灾的应急预案。这样，地震来临时，大家也就能更好应对了。

对！提前预防十分重要！

如果地震了，我们该怎么办？

我得去看看我们家房子能不能抗震。

轰隆隆，地震了!

关于地震的知识，你都掌握了吗？

● **脑力大比拼 1**

如何表示地震的强度？

下面是不同时间世界各地发生的地震及其震级。

A. 2005 年 10 月 8 日，巴基斯坦，7.6 级

B. 2006 年 5 月 27 日，印度尼西亚，6.2 级

C. 2007 年 7 月 16 日，日本，6.8 级

① 上述三个地区的地震强度从大到小排列是（　　　）>（　　　）>（　　　）。

② 地震强度越强，可能造成的损失就越大。上述三个地区中损失最大的可能是（　　　）。

③ 区分大、小地震的方法是比较震级的（　　　）。

地震的强度用"里氏震级"来表示，数字越大表示地震的强度越大。一般来说，地震的强度越大，其造成的损失也就越大。

答案：① A，C，B　② A　③ 大小

如何判断某一地区的地震发生频率？

下面的图表显示了某国发生地震的次数。看图表了解一下地震发生的情况。

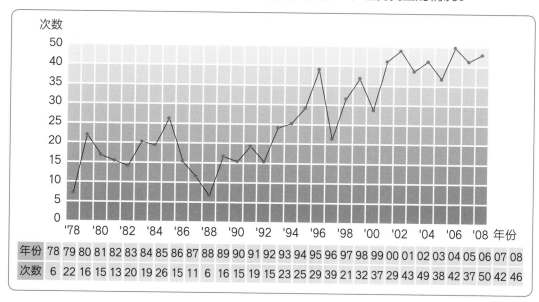

年份	78	79	80	81	82	83	84	85	86	87	88	89	90	91	92	93	94	95	96	97	98	99	00	01	02	03	04	05	06	07	08
次数	6	22	16	15	13	20	19	26	15	11	6	16	15	19	15	23	25	29	39	21	32	37	29	43	49	38	42	37	50	42	46

① 图中某国（会发生　不会发生）地震。

② （　　　）年地震发生的次数最多。

③ 进入 2000 年以后，地震发生的次数在（增加　减少）。

　　很多不在地震带上的国家和地区每年平均还是会有几十次地壳运动导致的小型地震，只是所造成的损失不大，甚至人们都没什么感觉。

答案：①会发生　② 2006　③增加

● **科学实验室**

地壳为什么会弯曲、断裂？

由岩石构成的地壳尽管看起来很坚硬，但也会变形、断裂。通过实验，我们可以了解地壳为什么会弯曲、断裂。

第1步

将几张薄而软的木板叠放在一起。

第2步

用双手抓住木板的两侧，慢慢地向中间推挤使木板弯曲，观察木板的形状。

· 思考 ·

● 木板变成什么样子了？
（ 弯曲　断裂 ）

● 木板为什么会弯曲？
因为用（ 小　大 ）力推挤的缘故。

答案：弯曲，小

第**3**步 这次用双手抓住木板的两侧，用力猛推木板直到木板断裂。观察木板断裂面的形状。

·思考·

- 木板变成什么样子了？
  （弯曲　断裂）

- 木板为什么会断裂？
  因为用（小　大）力推挤的缘故。

结论

① 在力的作用下木板会弯曲或断裂。同样的道理，地壳的弯曲或断裂也是由地球内部的巨大的（　　）导致的。

② 地壳弯曲或断裂时大地晃动的现象被称为（　　）。

 小博士告诉你

在地球内部力的作用下地壳的形状会发生变化。

褶皱 地壳受到地球内部向左右方向作用的力而发生变形，像波纹一样的弯曲形状，这种弯曲的地壳被称为"褶皱"。

断层 地壳受到地球内部力的作用，发生断裂并错动，这种错动的地壳被称为"断层"。

思考答案：断裂，大／结论答案：① 力 ② 地震

31

地震与地震引发的海啸

　　直到今天，世界各地依旧发生着由板块运动导致的地震。板块与板块的交界处是地震高发区。让我们来更详细地了解一下相关的知识吧。

表示地震强度的"里氏震级"

　　表示地震强度时使用"里氏震级"这个单位，该用语由美国科学家里克特和古登堡于1935年提出。震级用精确到小数点后一位的阿拉伯数字表示，数字越大，就意味着地震强度越大。每次地震只用一个震级表示，以震中的震级为准。

　　通常震级越大造成的损失越大，但震级相同的地震所造成的损失却未必相同。地震是否发生在城市，是否采取了地震预防措施等，各种因素不同，导致地震所造成的损失也不尽相同。

"1级"地震释放出的能量大约相当于180克TNT炸药爆炸的能量。"2级"地震释放出的能量是"1级"地震的30倍。

震级不同于烈度

"震级"与"烈度"不同,"震级"表示地震的强度,"烈度"表示地震的破坏程度。震级是用仪器测定的地震的震动能量,因此其数值是绝对的、客观的。在国际上使用"M"这个字母来表示震级,"M5.0"的意思就是"震级5.0"。

烈度是将地震造成的损失用等级表示的单位,用罗马数字或阿拉伯数字标记。全世界对烈度没有统一的标准,因此各国的烈度所代表的含义不尽相同。

震后坍塌的高架桥

世界各地的地震

全世界每年都会发生约80万次地震。其中超过8.0级的大型地震极为罕见,几年难遇一次,1906年,美国旧金山发生7.8级地震;1964年,阿拉斯加发生9.2级地震。1960年,智利在一个多月的时间里,连续发生了数百次地震,超过8级的3次,超过7级的10次,最大主震为8.9级,并引发了可怕的海啸,造成了巨大损失。日本也于2011年发生过9.0级的大地震,受灾十分严重。据史料记载,公元1556年,中国陕西省华县发生超过8级的大地震,"官吏、军民压死八十三万有奇"(《明史》),是中国历史上地震死亡人数最多的一次。

2001年,印度普杰发生7.7级地震

· 什么是海啸?

海啸是指由海底地震、火山爆发或海底塌陷、滑坡等地壳变动引起的具有强大破坏力的海浪。从海底地壳变化中心点发出的波浪被海岸线突然隔断,形成巨大的水墙,海啸就产生了。海啸到达海岸后海水会迅速退去,不久后海浪会再次袭击海岸,一般情况下每 10~30 分钟就会重复一次,其中以第三次或第四次的海浪最为巨大。2004 年 12 月 26 日,在印度尼西亚苏门答腊岛附近,发生了印度洋海底地震,其引发的海啸是有史以来最可怕的一次海啸。这次海啸波及印度尼西亚、斯里兰卡、印度、泰国等国,造成了 29.2 万人死亡。

2004 年 12 月,海啸使泰国普吉岛市区被水淹没

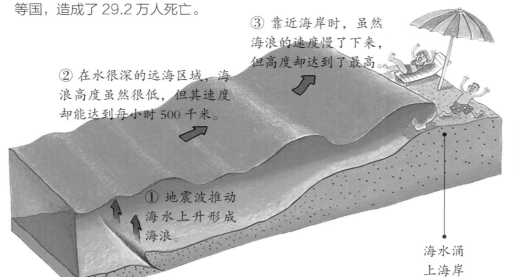

③ 靠近海岸时,虽然海浪的速度慢了下来,但高度却达到了最高。

② 在水很深的远海区域,海浪高度虽然很低,但其速度却能达到每小时 500 千米。

① 地震波推动海水上升形成海浪。

海水越靠近陆地,威力就越强大

海水涌上海岸

• 如何应对地震？

地震是人类无法阻挡的自然灾害。但如果我们了解地震，就可以减少不必要的损失。每一次地震通常只会持续 1~2 分钟，这时一定要小心周围掉落的物体。如果是在室内，你可以躲在坚固的桌子下，用软垫裹住头部。地震发生时也要小心火灾，要尽快关闭天然气阀门。另外，地震时还可能停电，如果你被困在电梯或地铁里，一定要保持镇静，听从广播的指示。如果你在户外，在听到地震警报后，要远离有可能倒塌的建筑或墙壁；在海边的话，要迅速前往高处避难。

可以承受地震晃动不倒塌的防震设计

防震设计是指在建造楼房时，使楼房能够承受地震晃动而不倒塌的设计。防震的主要方法有：使土地和建筑物更加贴合、加固地基、加厚墙面混凝土等。除了耐震设计以外，还有一种被称为减震设计的避震方法。减震设计是指在建筑与土地之间垫一层弹性很大的橡胶来减震的设计方法。

普通建筑会承受地震的所有能量

橡胶

减震建筑的减震结构能帮助建筑耗散一部分地震能量

启明星科学馆

生命科学

植 物

池塘生物真聪明

小豆子长成记

植物吃什么长大?

花儿为什么这么美?

植物过冬有妙招

小种子去旅行

动 物

动物过冬有妙招

动物也爱捉迷藏

集合! 热带草原探险队

动物交流靠什么?

上天入地的昆虫

哇, 是恐龙耶!

人 体

小身体, 大秘密

不可思议的呼吸

人体细胞大作战

我们身体的保护膜

奇妙的五感

我们的身体指挥官

食物的旅行

扑通扑通, 心脏跳个不停

地球与宇宙

环 境

咳咳, 喘不过气啦!

垃圾去哪儿了?

脏水变干净啦

濒临灭绝的动植物

地 球

天气是个淘气鬼

小石头去哪儿了?

火山生气啦!

河流的力量

大海! 我来啦

轰隆隆, 地震了!

地球成长日记

宇 宙

地球和月亮的圆圈舞

太阳哥哥和行星小弟

坐着飞船游太空

生命科学

生 物

机器人是生物吗?

谁被吃了?

物质科学

能 量

寻找丢失的能量

谁被吃了？

韩国好书工作室 / 著　　南燕 / 译

扫码听音频

浙江教育出版社·杭州

森林中，树木郁郁葱葱，微风拂过，树叶沙沙作响，偶尔有鸟儿飞过，到处都是一派宁静祥和的景象。

但是，仔细看去，你会发现，森林的角落里永远上演着惨烈的战争。蚂蚱正在悠闲地咀嚼着青草，转眼就被螳螂抓住吃掉；很快，螳螂又被青蛙一口吞进了肚子；青蛙又被虎视眈眈的蛇吃掉，可是蛇也要小心，下一秒它可能就会落入鹰的利爪之中。

就像链条一样，自然界的生物之间形成了一环扣一环的捕食与被捕食的关系，这称为食物链。食物链从绿色植物开始，植物被植食性动物吃掉，植食性动物被小型肉食性动物吃掉，小型肉食性动物被大型肉食性动物吃掉，它们形成了捕食与被捕食的关系，由此维持着生态系统的平衡。

什么是生态系统？
生态系统由光、风、空气、水、土壤等无机环境和植物、动物、细菌、真菌等生物群落组成，各个要素彼此影响而形成一定的平衡与和谐的关系。

如果破坏食物链中的一环，会出现什么状况呢？

砍伐森林，建成高尔夫球场或滑雪场，动物就失去了食物和栖息的场所。生活在森林里的动物接连消失，生态系统就会遭到破坏。

　　近年来，受归化物种的影响，很多地方原本稳定的生态系统正在遭到破坏。

　　归化物种是指来自其他国家、在本国境内定居并繁殖的生物。归化物种可能是因为人们的需求人为带入的，也可能是通过国家间的贸易附着在货物上带入的，还有可能是由风、海流、候鸟等自然带入。归化物种并非都不好，但有些归化物种，比如牛蛙、巴西红耳龟、豚草等，已经危及中国某些地区的生态平衡。

早年间，中国曾引进过巴西红耳龟，作为宠物龟大量养殖。由于各种原因，这些巴西红耳龟进入了江水、河流和水库里，它们开始捕食鲫鱼、泥鳅等本地生物，对生态系统造成了很大的威胁。

牛蛙的引进也出现过类似的情况。牛蛙出于食用目的被引进中国，但它们却逃出养殖场，在野生环境中定居下来，肆意捕食小型鱼类、本地青蛙，甚至连蛇也捕食，要不是治理及时，差点引起另一场生态灾难。

巴西红耳龟

牛蛙

　　地下生活着许多生物。有松鼠、鼹鼠和仓鼠等体形较大的动物，也有蚂蚁、蜈蚣和蚯蚓等小型动物，还有肉眼看不到的细菌和真菌。其中细菌、真菌等微生物被称为"分解者"，在生态系统中扮演着十分重要的角色。它能将动物的尸体或落叶等分解成极为细小的物质，使其被绿色植物重新利用。如果没有分解者，地球将会变成一个巨大的垃圾场。

鼹鼠

蚯蚓

松鼠

仓鼠

15

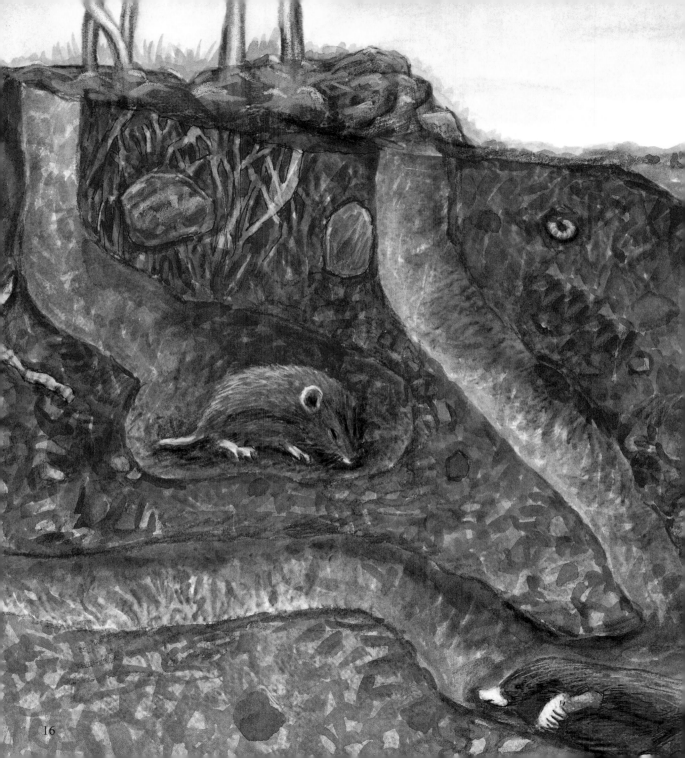

如果土壤被污染了，会发生什么呢？滥用农药和化肥，会导致土壤污染。被污染的土地里长出来的植物，以及吃了这些植物的动物和微生物，都会受到污染物的毒害。同时，在地底生活的动物也会中毒。

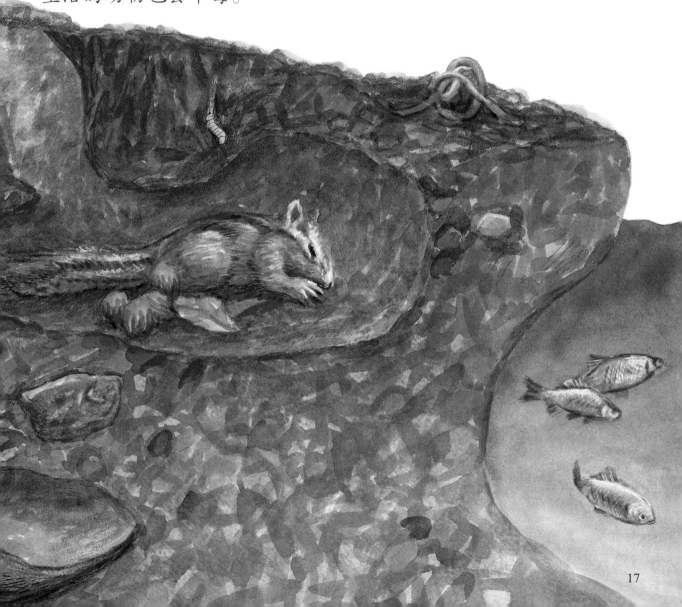

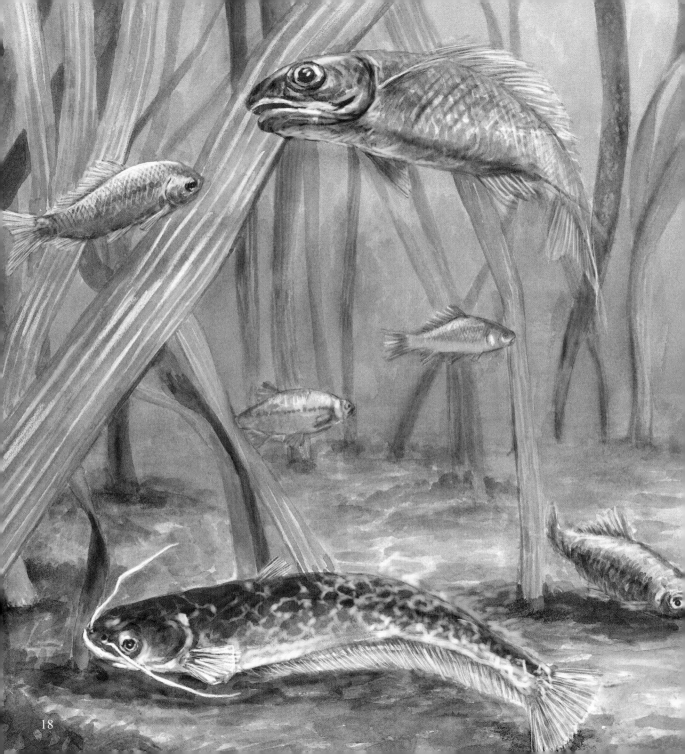

更可怕的是，这些被污染的土壤一旦被带入江水河流中，还会导致水体污染。

水里生活着许多微生物。它们承担着将水里的污染物质分解掉，净化水体的重要功能，同时它们也是鱼类的食物。

如果水体遭到污染，水中的生态系统同样会遭到破坏。水中的微生物会减少，鱼类的生存也会变得岌岌可危。

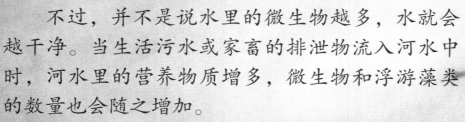

不过，并不是说水里的微生物越多，水就会越干净。当生活污水或家畜的排泄物流入河水中时，河水里的营养物质增多，微生物和浮游藻类的数量也会随之增加。

鱼类无法将增多的微生物和浮游藻类全部吃光，它们就会堆积在水里逐渐腐烂，进而导致水中氧气不足，鱼类缺氧而死。

因此，为了维持生态系统的均衡，微生物既不能太多以致泛滥，也不能太少以致缺乏。

被污染的河水进入大海，大海也会遭到污染。不过别担心，滩涂可以将流入海水中的污染物质清除掉。污染物质堆积在滩涂上，滩涂里的微生物可以把它们分解掉，所以滩涂又被称为"海洋之肾"。

除此之外，滩涂还是鱼类产卵，以及各种生物生活的绝佳场所。

滩涂

滩涂是由江水、河水流动带来的泥土和沙石，经过长时间的堆积而形成的。生活在滩涂上的蛤每天可以净化 2 升左右的海水，堪称"杰出清洁工"。

23

然而，由于人类不断地围海造田，滩涂正在逐渐消失。那么，在这里生活的生物们该怎么办呢？

　　生态系统中，所有生物都和谐地生活在一起。而我们，也应该为维护这种和谐贡献出自己的力量。

27

生态系统的方方面面

让我们了解一下生态系统的组成要素，以及食物链与生态系统的平衡。

脑力大比拼 1

生态系统的组成成分有哪些？

观察池塘，了解组成池塘生态系统的各个成分。

❶ 池塘里有水、空气、石头、沙子等（生物成分　非生物成分）。

❷ 池塘里有水草、鱼类等（生物成分　非生物成分）。

❸ 在池塘生态系统里，水草是（生产者　消费者），鱼类是（生产者　消费者）。

生物成分和非生物成分相互作用，形成平衡与和谐的生态系统。生态系统的组成成分包括非生物成分的物质和能量以及生产者、消费者和分解者等生物成分。

答案：①非生物成分 ②生物成分 ③生产者，消费者食物链与食物网有什么区别?

观察食物链与食物网,了解二者的差异。

① 种子、老鼠、蛇和鹰之间是捕食与被捕食的关系,它们像"链条"一样环环相扣。这个"链条"叫作( )。

② 多个食物链交错相连就形成了( )。

③ 食物网(越简单 越复杂),生物就越不容易消失。

在复杂的食物网中,即使某种生物有所缺乏,捕食者也可以通过捕食其他生物来维持生存。一个具有复杂食物网的生态系统,一般不会由于一种生物的消失而引起整个生态系统失调。

答案:①食物链 ②食物网 ③越复杂

● 科学实验室

生态平衡为什么如此重要？

观察美国皇家岛生态系统的变化，了解维护生态系统平衡的重要性。

第 **1** 步 过去皇家岛上几乎没有吃草的鹿，所以植物数量很多。

思考

● 怎样做才能使植物的数量不再增加？

　　　　　　（　　　　　　　　　）

第 **2** 步 皇家岛上出现了鹿群之后，植物马上不再增多。然而鹿的数量却在逐渐增多。

思考

● 鹿的数量在逐渐增多，那么植物会发生怎样的变化？

　　　　　　　　　　　　（　　　　　　　　　）

答案：1. 需要植食性动物 2. 植物可能全部消失

第**3**步 当皇家岛出现了狼之后，鹿的数量就减少了。想一下，皇家岛上又会发生什么变化？

思考

● 鹿的数量一旦减少，植物会怎样？

（　　　　　　　　）

结论

① 狼出现后，鹿的数量马上就减少，植物的数量增加，皇家岛上的（　　）趋向于平衡。

② 一定时间内，生态系统内的生物和环境，生物各个种群之间，达到高度协调，生物的种类和数量维持相对稳定的状态叫作"生态平衡"。构成食物链中某一环的生物的数量如果剧烈减少或增加，生态系统的平衡就（能够维持　可能被打破）。

小博士告诉你

　　自然状态下，生物之间维系着捕食与被捕食以及竞争的关系，所以生态系统里的生物种类和数量基本不变，生态系统能够自我调节，实现动态平衡。然而近些年来，人为导致的环境污染及各种无节制开发破坏了生态系统的平衡，形成了巨大的危害。生态系统若因自然灾害遭到破坏，会很快恢复，但若遭到人为破坏，就需要人们付出很大的努力花费较长时间才可能恢复。

思考答案：3.变多／结论答案：①生态系统 ②可能被打破

生命的世界——生态系统

"生态系统"是生物与生物周围的无机环境的统称。生态系统里不仅有植物、动物、微生物等生物成分，还有光、水、空气、土地等非生物成分。在生态系统里，生命体奇妙地环环相扣，相互依存。

生物的摇篮——生态系统

生态系统可以分为大大小小不同的规模。小到池塘生态系统，大到整个地球的生态系统。同时根据不同的环境特性，又可以分为海洋生态系统、沙漠生态系统、极地生态系统等。

生态系统的结构

所有生态系统都由生物成分和非生物成分组成。生物成分根据其功能，又可以分为生产者、消费者、分解者。

生产者是指接收阳光，并以二氧化碳和水为原料制造出糖类等有机物的生物，包括进行光合作用的绿色植物和光合细菌等。

消费者是指直接或间接地对生产者所生产的营养成分进行消费的生物。这里主要是指动物。以植物为食的植食性动物为一级消费者，以植食性动物为食的肉食性动物为二级消费者，以小型肉食性动物为食的大型肉食性动物为三级消费者。

分解者主要包括细菌、真菌等。它们能够将动物的尸体、粪便或植物的残枝败叶分解成简单的成分，供生产者再利用。

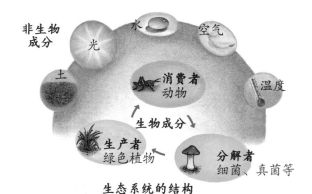

生态系统的结构

食物链与食物网

生态系统里生物体之间捕食与被捕食的关系就像链条一样环环相扣，这称为食物链。

植食性动物吃植物，又被肉食性动物所吃。依靠这种始于植物的食物链，生态系统得以维系并保持平衡。但在现实中，生物并不只吃一种生物，也并不只被一种生物捕食，许多食物链相互交错在一起，形成巨大的"网"，叫作食物网。

食物链

森林里的食物网

食物链与食物金字塔

绝大多数生态系统，如果按照食物链的次序对生物的数量进行标记，会发现绿色植物的数量最多，大型肉食性动物的数量最少，这就形成了一个金字塔的形状，称为"食物金字塔"。

如果构成食物链一环的某种生物数量剧增或锐减，就可能打破原有的生态平衡。

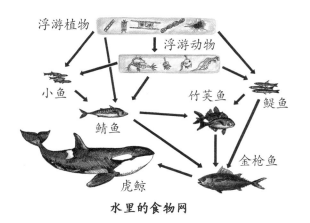

水里的食物网

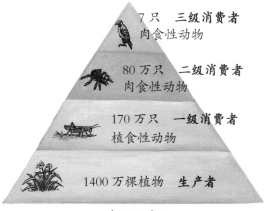

食物金字塔

· 生态系统的 SOS（求救）

发生旱灾时，河水干涸，鱼类死亡，这时河水生态系统的平衡暂时被打破。不过，只要降雨恢复正常，因自然灾害被破坏的生态系统不久就可以自行恢复平衡。

但是，如果生态系统因严重的环境污染或人为的破坏急剧失衡，那就很难恢复到原本的状态。无节制的人类活动使得动植物生活的空间日益缩小，生态系统遭到严重破坏。想要恢复，就要付出大量的财力、物力、人力，需要很长时间。

工厂里排出的废水和肆意喷洒的农药等破坏了生态系统。

· 归化物种与生态系统的破坏

生态系统也会因归化物种遭到破坏。

凤眼莲（俗称水葫芦）作为一种观赏植物被引入到中国，但没想到，它在中国境内没有天敌，对环境的适应能力又非常强，繁殖速度非常快。单株凤眼莲只用一个月就可以生产近 4000 株个体。过多的凤眼莲导致了其他水生植物的死亡，影响了渔业发展，给航运带来了很大不便，造成了很大损失。

紫茎泽兰给中国畜牧业和草原生态系统造成了巨大破坏。

过去，人们一度认为滩涂是没有利用价值的土地。20世纪80年代后期，许多国家以"开发海岸"的名义对滩涂进行围垦或回填。事实上，滩涂是多种海洋生物赖以生存的土地，是形成生态系统的重要基础。

近年来，滩涂净化河水海水、调节洪水等生态价值才被发现，人类兴起了滩涂保护运动。

被破坏的滩涂 滩涂因靠近陆地且土壤坚硬而遭到过度开发，受到严重破坏。

由于生态系统遭到破坏，地球上的很多动植物都濒临灭绝。世界各国都意识到该问题的严重性，制定出了一系列保护自然的法律法规，包括《濒危野生动植物种国际贸易公约》《联合国气候变化框架公约》《生物多样性公约》等。世界各地还设有国立公园，来保护地球上的生物。这些都是为保护野生生物们做的努力。

生态学作为一门学科，对生态系统的维护，以及地球的未来有着重要意义。生态学主要研究生物之间存在着怎样的关系、生物与环境之间如何互相影响等问题。为了研究这些问题，生态学家们要利用雷达、声呐等先进仪器来观测动植物的活动和数量，也会直接饲育动物，或是深入丛林中长时间地观察动物来进行研究，从而为保护生态系统的平衡提出可行的建议。

拯救滩涂运动
人们聚集在一起摆出SOS的字样，呼吁保护滩涂。

启明星科学馆

第一辑

生命科学

植 物
池塘生物真聪明
小豆子长成记
植物吃什么长大？
花儿为什么这么美？
植物过冬有妙招
小种子去旅行

动 物
动物过冬有妙招
动物也爱捉迷藏
集合！热带草原探险队
动物交流靠什么？
上天入地的昆虫
哇，是恐龙耶！

人 体
小身体，大秘密
不可思议的呼吸
人体细胞大作战
我们身体的保护膜
奇妙的五感
我们的身体指挥官
食物的旅行
扑通扑通，心脏跳个不停

第二辑

地球与宇宙

环 境
咳咳，喘不过气啦！
垃圾去哪儿了？
脏水变干净啦
濒临灭绝的动植物

地 球
天气是个淘气鬼
小石头去哪儿了？
火山生气啦！
河流的力量
大海！我来啦
轰隆隆，地震了！
地球成长日记

宇 宙
地球和月亮的圆圈舞
太阳哥哥和行星小弟
坐着飞船游太空

生命科学

生 物
机器人是生物吗？
谁被吃了？

物质科学

能 量
寻找丢失的能量

坐着飞船游太空

韩国好书工作室 / 著　　南燕 / 译

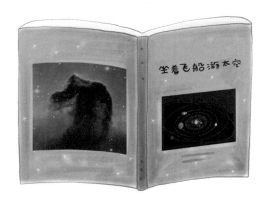

扫码听音频

浙江教育出版社·杭州

松伊在看书。

离远一点儿看，原来松伊是在院子里看书。

再离远一点儿看，看到松伊家的邻居啦。松伊的朋友们来找松伊玩了。

再离远一点儿看，看到松伊家的社区啦。

再离远一点儿看，看到整座城市啦。

松伊家的小区现在看上去只有一点点大。

原来城市里生活着这么多人呀。

再远些，到高空中去看一看，松伊家所在的
城市已经模糊得看不清楚了。

但可以看到周边的城市，看到群山和田野，
看到远处的大海。

9

离得再远一些，看到了很多国家，看
到了海洋和陆地。
　　陆地被广阔的海洋环绕着，包围着。

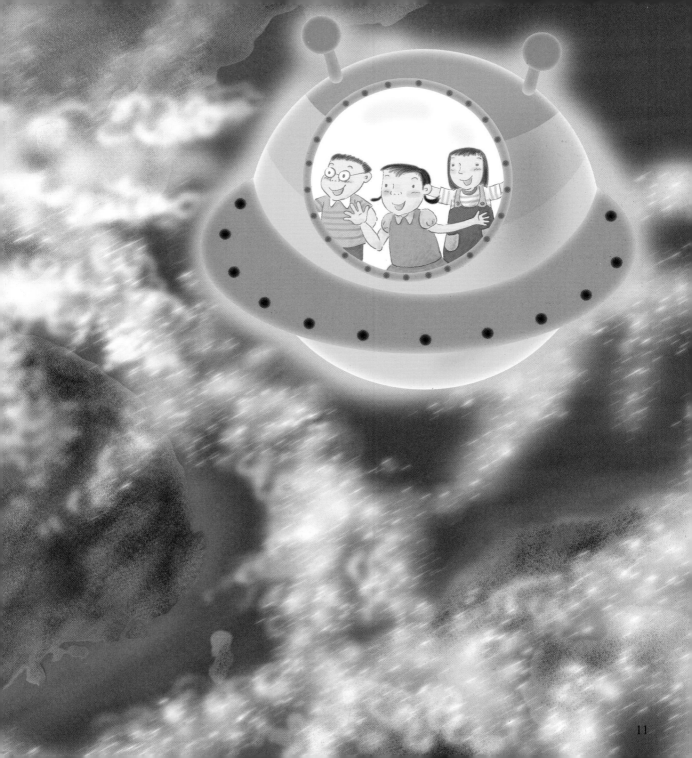

　　离得再远一些，看到了我
们生活的地球，

　　地球上海洋比陆地更加广
阔，海洋的面积比陆地的两倍
还要大。

　　远远地还看到了月球。

　　月球是离地球最近的天
体，月球每个月绕地球公转
一周。

13

　　离得再远一些看一看，太阳在发光，地球在绕着太阳转。

　　地球绕太阳公转一周要用 1 年的时间。

　　地球和太阳之间还有水星和金星，水星和金星也在绕着太阳转。

离得再远一些看一看。
太阳在远处发着光。
地球附近还有红色的火星。

看到了木星，木星上面的大红斑有着鸡蛋状的纹路。
看到了土星，土星外围有一道美丽的光环。
还有像玉珠一样泛着青色光芒的天王星和海王星。
这些地球的"兄弟"们都像地球一样围绕太阳转动。

让我们离开太阳系，到更远的地方看一看吧。

太阳和其他恒星一起在浩瀚的宇宙中发着光。

但是，太阳系周围却被一大片黑暗包围着。

即使从太阳系边缘的 134340 号小行星，再走上几万、几十万千米，也不会遇见其他行星或者恒星了。

离太阳最近的恒星与太阳间的距离，是太阳与 134340 号小行星之间距离的 6750 倍。光能够一秒绕地球 7 圈半，但即使是以光速前往那颗恒星，也需要近 4 年零 3 个月。

离太阳系最近的恒星

离太阳系最近的恒星是半人马座的比邻星，距离太阳约 4.22 光年（光年是指光在一年中所传播的距离）。因为比邻星位于南半球的上空，加之十分昏暗，所以我们无法用肉眼观测。距离太阳系第二近的恒星是半人马座的 α 星 A 与 α 星 B，在比邻星的旁边，距离太阳约 4.24 光年。这两颗星位于南半球的上空，所以在北半球国家的人们是无法看到的。在中国直接可用肉眼观测到的恒星中，离太阳系最近的是大犬座的天狼星，距离约为 8.6 光年。

19

让我们离得更远一些。

太阳系现在已经淹没在茫茫星海之中，看不清楚了。

群星中既有比太阳小的恒星，也有比太阳大几十倍、几百倍的恒星。

地球上能看到的恒星都像太阳一样，可以自己发光发热。

宇宙中既有寿命耗尽的恒星，它们可能会爆发留下痕迹，同时也有刚刚诞生的新恒星。

星团与星云

由众多恒星聚集在一起形成的星群叫作"星团"。星团有两类，由几万到几百万个古老的恒星呈球状聚集在一起的叫作"球状星团"，由几十到几百个年轻恒星不规则地聚集在一起的叫作"疏散星团"。

宇宙中不仅有恒星，还有由尘埃和气体组成的"星云"。星云中的尘埃和气体聚集在一起，可以形成新的恒星。星云中也有寿命耗尽的巨大恒星爆发的痕迹。

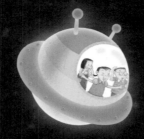

让我们离得再远一些看一看。

我们可以看到银河系，由包括太阳在内的
超过 1000 亿个恒星以及尘埃气体汇集而成。

银河系像圆盘一样扁平，有像风车一样的
旋臂。

以光速从太阳到达银河系的中心，大约需
要 3 万年。

银河系的模样

银河系从侧面看像一个相机镜头，中心是隆起的；从上面看像圆盘一样扁平，有像风车一样的旋臂。它的直径约有10万光年，厚度高达几百、几千光年。

让我们离得更远一些看一看，能看到好多好多星系。

每个星系的形状和大小都不一样。

每个星系中都汇聚了无数的恒星，少则几百万个，多则超过 1 万亿个。

宇宙无边无际，广阔无垠，这其中有银河系，有太阳系，也有我们生活的地球。

地球上有我们的国家，有我们的村庄，也有我们的家。

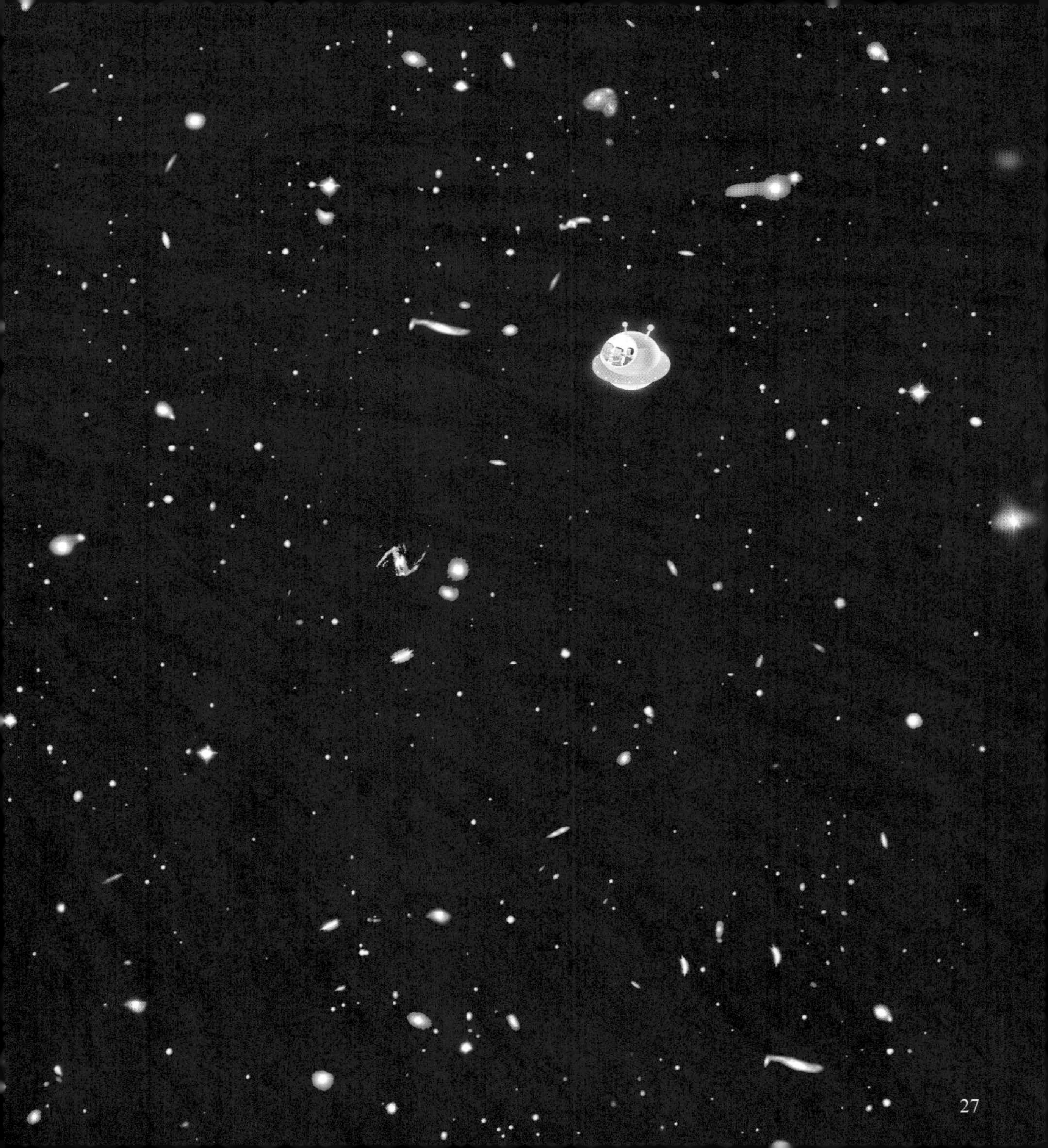

无边无际的宇宙

现在，让我们来了解一下各种形态的星系，以及太阳系所属的银河系的大小，并学习有关星云和星团的知识吧。

脑力大比拼1

星系是什么样子的呢？

星系由巨大的恒星、星群以及气体和尘埃组成。下面是几种星系的形态，请仔细观察。

 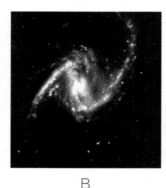 

A   B   C

① 图 A、图 B 和图 C 中，中心呈旋涡状，旋臂朝同一方向旋转的旋涡星系是（   ）。

② 中心呈细长棒状，两端有旋臂伸出的棒旋星系是（   ）。

③ 呈球形或椭圆形的椭圆星系是（   ）。

星系按照形状不同，可分为旋涡星系、椭圆星系和不规则星系等。

答案：① A ② B ③ C

银河系是什么样的？

下图是太阳系所在的银河系，仔细观察，了解一下银河系。

从上面看的样子

从侧面看的样子

① 从上面看，银河系中心为旋涡状，四周拖着长长的旋臂，整体呈现出（旋涡　棒）状。

② 从侧面看，银河系中间（隆起　扁平）。

③ 银河系属于（旋涡　椭圆）星系。

从上面看，银河系中心为旋涡状，四周拖着长长的旋臂，整体呈现出旋涡状；从侧面看形似凸透镜，中间隆起。银河系属于旋涡星系中的棒旋星系，由 1000 亿颗以上的类似太阳的恒星以及尘埃、气体等组成。

答案：①旋涡　②隆起　③旋涡

● 科学实验室

我们是如何看到星云的?

星体与星体之间看起来像是空无一物,其实这里聚集的气体和尘埃的数量远超别处,形似云团,这就是我们所说的"星云"。恒星也是由星云中的气体和尘埃聚集在一起而形成的。这里让我们来了解一下星云是如何被我们看到的。

第1步 在黑暗的房间里点燃一炷香,用烧杯罩住,使烟雾充满烧杯。用纸包住手电筒的发光处并照射烧杯。

思考

● 可以看到烧杯中的什么?
（　　　　　　　　　　　）

第2步 在手电筒前放上各种颜色的玻璃纸,观察烧杯中烟雾的颜色。

思考

● 如果在手电筒前放上红色的玻璃纸,可以看到什么颜色的烟雾?
（　　　　　　　　　）

● 看到的烟雾的颜色与玻璃纸的颜色是相同还是不同?　（　　　　　　　）

答案：1. 烟雾　2. 红色，相同

第**3**步 关掉手电筒的开关，再次将手电筒对准烧杯。

·思考·

- 是否还能看到烧杯中的烟雾？
  （   ）
- 之所以能看到烧杯中的烟雾，是因为什么？
  （   ）

结论

① 烟雾反射了手电筒的（   ），因此我们能够看到烟雾。

② 烟雾相当于（星云 星系），而手电筒的光相当于周围的星光。

③ 因为星云中的气体和尘埃反射了星光，所以我们能看到（星云 星系）。

小博士告诉你

　　反射周围星光的星云叫作反射星云。因周边明亮恒星的照耀而显得明亮的星云叫亮星云。因低温气体或尘埃云将星光遮挡而显得十分昏暗的星云叫暗星云。

暗星云

　　在宇宙空间中，众多恒星汇聚在一起形成的恒星群叫作"星团"。星团分为"球状星团"和"疏散星团"。"球状星团"顾名思义是指大量恒星呈球状紧密地聚集在一起的星团。疏散星团是指恒星较为稀疏地聚集在一起的星团。

球状星团

思考答案：3. 不能，因为手电筒的光／结论答案：①光 ②星云 ③星云

31

美丽的宇宙

　　我们生活的地球和太阳系与浩瀚无垠的宇宙相比，渺小得如同一颗尘埃。那么如此广阔的宇宙是何时形成，又是如何形成的呢？让我们一起通过望远镜来观察一下广阔的宇宙吧！

● "砰"，宇宙诞生了！

　　宇宙是一个极其广阔的空间，包含着我们生存的地球和太阳等无数星体。这些星体的种类、形态等多种多样，那么它们都是怎样出现的呢？

　　科学家们认为宇宙是 138 亿年前某一点突然发生大爆炸而形成的，这就是所谓的"Big Bang 理论"。Big Bang 是英文词汇，意为大爆炸。宇宙刚刚诞生时十分炽热，随着时间的推移逐渐扩大并冷却下来。爆炸时四散的气体和尘埃聚集在一起形成恒星，组成星系。

大爆炸的瞬间
宇宙是138亿年前某一点突然发生大爆炸而形成的。

星系团
星系团由几百、几千个星系组成。宇宙中有大约几千亿个星系。

宇宙中无数的星系

　　众多星体聚集在一起组成了星系。太阳系所属的星系被称为银河系。银河系以外的星系称为"河外星系"。宇宙中有超过数千亿个星系，每个星系中则聚集了几百亿、几千亿颗恒星。河外星系与我们的距离十分遥远，即使是最近的仙女座星系距银河系也有 254 万光年。

　　星系根据形状不同可以分为旋涡星系、棒旋星系、椭圆星系、不规则星系等。在宇宙中，有些区域比其他区域聚集了更多的星系，这些区域叫作星系群。星系群聚集在一起形成星系团。

夜空中流动的银河

　　夜空中，我们有时能看到群星聚集在一起汇成河流一般的形状，这就是银河。银河就是地球上看到的银河系的形态。天文学家哈勃通过自己发明的望远镜对夜空进行了仔细的观察，并获得了许多信息，比如银河是由无数恒星组成的。

　　银河系为旋涡星系中的棒旋星系。中心部分呈圆形的球状，边缘缠绕着数条旋臂，直径有 10 万光年左右，包含了 1000 亿颗以上的恒星。

旋涡星系
中心呈球状，周围呈圆形，缠绕着纤细的旋臂。

棒旋星系
中心呈细长的棒状，两端伸展出旋臂。

椭圆星系
形似椭圆状的扁平圆盘，越到边缘越昏暗。

不规则星系
形状随机，不规则。

通过望远镜观测到的银河系的中心部分。

星云和星团

星体之间看似空无一物，但事实上在星体之间薄薄地散布着大量细小的尘埃和气体，气体的主要成分为氢气。有时这些气体会紧密地结合在一起，形似云团，这就是"星云"。恒星正是由星云中的气体和尘埃聚集而成的，有的星云因反射周围的星光而显得十分明亮，有的星云则因遮挡了周围的星光而显得十分昏暗。

在宇宙中，众多恒星汇聚在一起形成的星群叫作"星团"。星团包括由古老的恒星聚集在一起形成的"球状星团"，以及由年轻恒星聚集在一起形成的"疏散星团"。

球状星团

几万到几百万个恒星呈球状紧密地聚集在一起形成的星团。其中的恒星都为星系形成时出现的古老恒星。

疏散星团和反射星云

几十到几百个恒星不规则地聚集在一起形成的星团。周围有反射星云发出蓝色的光芒。

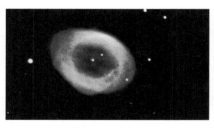

行星状星云

垂死的恒星向宇宙空间抛出的外层物质，星体核心物质转换为一颗白矮星。

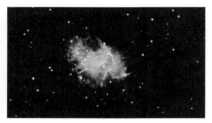

超新星遗迹

超新星爆发的残骸散落在宇宙各处，状似发光星云，但与星云不同的是，看不到星云中的恒星。

暗星云

亮星云或恒星前的气体或尘埃，挡住了后面的星光而形成的剪影。

恒星的一生

恒星也像人一样，会走过诞生、成长和死亡的过程。宇宙中到处漂浮着气体和尘埃云团，这些气体和尘埃聚集在一起形成了恒星。太阳也是这样形成的。恒星上的气体燃烧时会发光发热。质量与太阳相当的恒星寿命耗尽时，会剧烈膨胀为红色的巨大恒星，即红巨星。红巨星的外层部分抛散在宇宙中就形成了行星状星云，也成为组成新恒星的材料。中心部分冷却后不再发光，并萎缩为较小的恒星，即白矮星。

当恒星的质量约为太阳的 8 倍以上时，衰亡之后会膨胀为超巨星，并引起剧烈的爆发，即所谓的超新星爆发。因超新星爆发看起来与新恒星出现的现象相似，因此得名。爆发后，周围的气体在宇宙中四散，成为形成新恒星的材料，中心部分则成为中子星或黑洞。

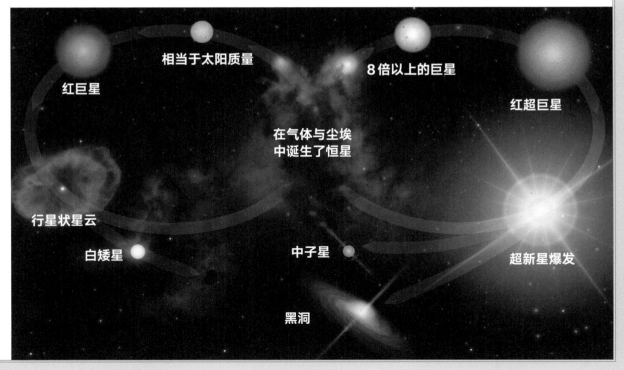

启明星科学馆

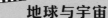

第一辑

生命科学

植 物
池塘生物真聪明
小豆子长成记
植物吃什么长大？
花儿为什么这么美？
植物过冬有妙招
小种子去旅行

动 物
动物过冬有妙招
动物也爱捉迷藏
集合！热带草原探险队
动物交流靠什么？
上天入地的昆虫
哇，是恐龙耶！

人 体
小身体，大秘密
不可思议的呼吸
人体细胞大作战
我们身体的保护膜
奇妙的五感
我们的身体指挥官
食物的旅行
扑通扑通，心脏跳个不停

第二辑

地球与宇宙

环 境
咳咳，喘不过气啦！
垃圾去哪儿了？
脏水变干净啦
濒临灭绝的动植物

地 球
天气是个淘气鬼
小石头去哪儿了？
火山生气啦！
河流的力量
大海！我来啦
轰隆隆，地震了！
地球成长日记

宇 宙
地球和月亮的圆圈舞
太阳哥哥和行星小弟
坐着飞船游太空

生命科学

生 物
机器人是生物吗？
谁被吃了？

物质科学

能 量
寻找丢失的能量

太阳哥哥和行星小弟

韩国好书工作室 / 著　　南燕 / 译

扫码听音频

浙江教育出版社·杭州

蓝蓝的天空上飘着洁白的云
朵，凉爽的风拂面而来，山丘与
田野随着季节变化换上了新装。

放眼望去，有横穿田野的江河，有广袤无垠的大海，这个所有动植物和谐共存的地方，就是我们生活的地球。

　　蓝蓝的地球真是美丽！我们的地球绕着太阳转一圈的时间是一年。像地球一样，自身不发光，而是环绕着像太阳这样会发光的恒星运转的天体被称为"行星"。月亮绕着地球转一圈的时间约是 29 天左右，像月亮一样绕着一颗行星旋转的天体被称为"卫星"。

　　月亮本身是不会发光的，月光是月亮反射的太阳光。我们看到的月亮会呈现出月牙、半月、满月等各种形状，但实际上，月亮一直是一个圆圆的球体。

公转与自转

地球绕着太阳转，月亮绕着地球转，像这样一个天体沿着一定轨道绕着另一个天体旋转的运动被称为"公转"。

同时，地球和月亮也会自己转动。地球以北极与南极之间的连线为轴自转一圈的时间是一天，月亮自转一圈的周期是 27 天左右，像这样天体自行旋转的运动被称为"自转"。地球上的白天和黑夜就是由于地球的自转而产生的。

月亮

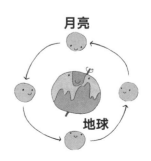

地球

从地球上看，太阳和月亮的大小似乎差不多，但实际上太阳无比巨大。太阳中心到表面的距离约为地球到月亮距离的两倍。太阳是一个巨大的火球，不断燃烧并释放出光和热。

地球到太阳的距离约为 1.496 亿千米，从地球到太阳：

地球

马拉松选手约用（时速20千米）854年；

汽车（时速100千米）约用171年；

音速飞机（音速=时速1224千米）约用13年零347天；

光（秒速30万千米）约用8分19秒。

太阳

光球

日珥

日冕

色球

太阳的直径是 139.2 万千米，相当于 109 个地球连在一起的长度。太阳质量相当于 33.3 万个地球质量。

33 万 3000 个地球

109 个地球

太阳

水星

金星

地球

火星

小行星带

木星

彗星
拖着长长的尾巴飞向太阳的这个天体是彗星。彗星从很远很远的地方飞向太阳，飞近后又再次远离。有些彗星几十年、几百年甚至几千年后才会再次飞回到太阳附近，而有些彗星不会再回来。

太阳的四周有无数天体。像地球这样绕着太阳公转的行星有8个，像月亮一样绕着行星公转的卫星更是不计其数。除了行星和卫星之外，还有数百万个小行星，以及拖着长长的尾巴靠近又远离太阳的彗星，这些都是太阳大家庭的成员。以太阳为中心，所有受到太阳引力约束的天体集合在一起形成的天体系统被称为"太阳系"。

土星

天王星

海王星

134340
号小行星

水星是距离太阳最近的行星，大小与形状和月亮比较相似。水星上没有空气，也没有生物生存。

太阳

太阳到水星的距离约为 5790 万千米，从太阳到水星：

马拉松选手（时速 20 千米）约用 331 年；

汽车（时速 100 千米）约用 66 年零 252 天；

音速飞机（音速＝时速 1224 千米）约用 5 年零 146 天；

光（秒速 30 万千米）约用 3 分 13 秒。

水星

白天，由于太阳光的照射，水星表面温度极高，几乎可以熔化掉所有东西。

但是到了晚上，水星上的温度就会迅速下降，变得极度寒冷。

水星的直径约为 4879 千米，约为地球直径的五分之二。水星的自转周期是 59 个地球日，公转周期是 88 个地球日。

水星　地球

水星昼夜温差极大，白天超过 400 摄氏度，晚上会降到零下 180 摄氏度以下。

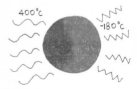

400℃

-180℃

太阳到金星的距离约为 1.082 亿千米，从太阳到金星：

太阳

马拉松选手（时速20千米）约用618年；

汽车（时速100千米）约用123年零189天；

音速飞机（音速=时速1224千米）约用10年零33天；

光（秒速30万千米）约用6分。

金星

12

金星是距离地球最近的行星，晚上，金星是除月亮以外看起来最亮的天体。在拂晓和黄昏时分，我们也可以看到发亮的金星。金星的大小和质量与地球相似，所以也被叫作地球的双胞胎。但金星表面温度极高，没有生物可以在金星上生存。

金星的直径约为 12104 千米，略小于地球，金星的自转周期是 243 个地球日，公转周期是 224.7 个地球日。金星上气温高达 464 摄氏度。

金星　　地球

464℃

火卫一

火卫二

太阳到火星的距离约为 2.279 亿千米，从太阳到火星：

马拉松选手（时速20千米）约用1301年；

汽车（时速100千米）约用260年零59天；

音速飞机（音速=时速1224千米）约用21年零92天；

光（秒速30万千米）约用12分40秒。

太阳

火星

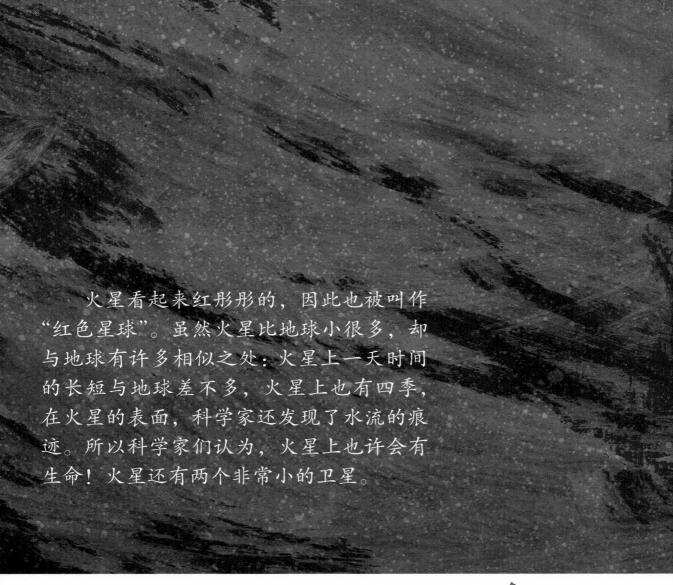

火星看起来红彤彤的，因此也被叫作"红色星球"。虽然火星比地球小很多，却与地球有许多相似之处：火星上一天时间的长短与地球差不多，火星上也有四季，在火星的表面，科学家还发现了水流的痕迹。所以科学家们认为，火星上也许会有生命！火星还有两个非常小的卫星。

火星的直径约为 6794 千米，差不多是地球的一半。火星的自转周期是 24.62 小时，公转周期是 687 个地球日。火星上有太阳系中最大的火山——奥林帕斯山，足足高于基准面约21000 米。

火星　地球

高于基准面 21000 米

海拔 8848.86 米

奥林帕斯山　珠穆朗玛峰

火星与木星之间漂浮着许多小石块，它们有的直径可以达到几百千米，有的还不如人类握紧的拳头大。据说这些小石块总共有几百万个。

小行星带

小行星是指比行星小很多的，由岩石构成的天体，它们与太阳系大家庭的成员一起绕着太阳运行。在太阳系中，小行星无处不在，但它们中的大部分都聚集在火星轨道与木星轨道之间。这群小行星被称为小行星带。

谷神星

谷神星是太阳系中最小的，也是唯一位于小行星带的矮行星。它是意大利科学家皮亚齐在 1801 年发现的。

艾女星与它的卫星"艾卫"

艾女星是一个拥有自己的卫星的小行星。伽利略号木星探测飞船拍下了艾女星和艾卫的真容。

艾卫

艾女星

这些小石块们形状多种多样，但大部分都像土豆一样凹凸不平。它们有一个共用的名字就是"小行星"，它们也像其他行星一样绕着太阳旋转。

爱神星

大部分小行星都位于火星和木星之间，但地球附近也有小行星。爱神星就是其中最大的一颗。

赫克特（小行星 624）

这颗小行星很像哑铃。说不定这颗小行星就是由两颗小行星构成的。

17

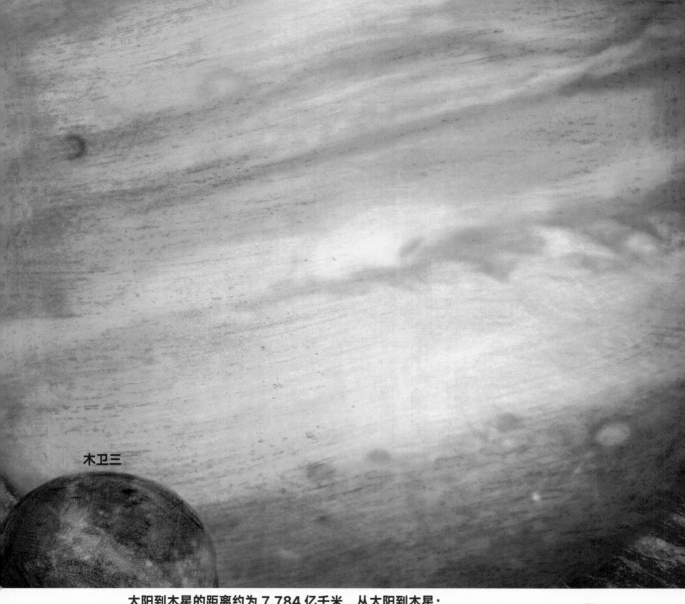

木卫三

太阳

太阳到木星的距离约为 7.784 亿千米，从太阳到木星：

马拉松选手（时速20千米）约用4443年；

汽车（时速100千米）约用888年零212天；

音速飞机（音速=时速1224千米）约用72年零215天；

光（秒速30万千米）约用43分14秒。

木星

18

木星是太阳系中最大的行星。它不像地球那样有坚硬的土地，而是主要由气体构成。木星统率着好几颗卫星，其中木卫一、木卫二、木卫三、木卫四这四颗卫星是伽利略通过望远镜发现的，所以它们也被叫做"伽利略卫星"。

木卫四

木卫一

木卫二

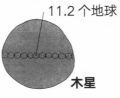

11.2 个地球

木星的直径约为 142984 千米，是地球直径的 11.2 倍。木星的自转周期是 9.93 小时，公转周期是 11.86 个地球年。

木星

大红斑

木星表面有一个比地球还要大的红色斑点，被叫作"大红斑"。据说这个大红斑是类似台风的巨大风暴。

19

土星是太阳系里仅次于木星的第二大行星，但因为它是由轻飘飘的气体构成的，所以质量很轻，甚至可以浮在水面上。土星也有土卫六等数个卫星。土星的外围还有一条美丽的圆环，这条圆环主要由冰晶构成。

太阳

太阳到土星的距离约为 14.3 亿千米，从太阳到土星：

马拉松选手（时速 20 千米）约用 8162 年；

汽车（时速 100 千米）约用 1632 年零 153 天；

音速飞机（音速 = 时速 1224 千米）约用 133 年零 135 天；

光（秒速 30 万千米）约用 1 小时 19 分。

土星

土星的直径约为 120536
千米，是地球的 9.45 倍。
土星的自转周期是 10.67
小时，公转周期是 29.46
个地球年。

9.45 个地球

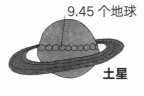

土星

土星环

由围绕着土星的大量水冰颗粒
组成。由于能够很好地反射太
阳光，因此能看到明亮的光环。

天王星会
发出神秘的蓝绿
色光芒，它和木星、
土星一样，也是一颗气态
巨行星。天王星也有一条环带，
但跟土星环相比，显得既窄又
暗淡。

太阳

太阳到天王星的距离约为 28.7 亿千米，从太阳到天王星：

马拉松选手（时速20千米）约用16376年；

汽车（时速100千米）约用3275年；

音速飞机（音速=时速1224千米）约用267年零241天；

光（秒速30万千米）2小时39分。

4 个地球

天王星

天王星的直径
约为 51118 千
米，自转周期
是 17.24 小时，
公转周期是 84
个地球年。

海王星和天王星就像一对双胞胎，两颗星球颜色相似，大小相近。海王星也是气态巨行星，像木星一样，它的表面也有一个风暴形成的旋涡状的大斑点。

太阳

太阳到海王星的距离约为 45 亿千米，从太阳到海王星：

马拉松选手（时速 20 千米）约用 25668 年；

汽车（时速 100 千米）约用 5134 年；

音速飞机（音速 = 时速 1224 千米）约用 420 年；

光（秒速 30 万千米）约用 4 小时 10 分。

海王星

3.9 个地球

海王星的直径约为 49528 千米，自转周期是 16.11 小时，公转周期是 164.8 个地球年。

23

太阳到134340号小行星的距离约为59亿千米，从太阳到134340号小行星：

马拉松选手（时速20千米）约用33710年；

汽车（时速100千米）约用6742年；

音速飞机（音速=时速1224千米）约用550年零95天；

光（秒速30万千米）约用5小时30分。

太阳

134340 号小行星

134340 号小行星以前的名字是冥王星。从 1930 年被人们发现到 2006 年为止，冥王星一直是太阳系大家庭中最小的行星成员。然而，由于冥王星实在太小，甚至不具备作为行星所必要的重力，所以科学家们剥夺了冥王星的行星地位，给它起了 134340 号小行星这个新名字。因为 134340 号小行星距离我们太远，又比月亮还要小，所以我们只能用性能非常优秀的天文望远镜才能看到它。

134340 号小行星的半径约为 2376 千米，自转周期是 6.39 个地球日，公转周期是 247.9 个地球年。

134340 号小行星

地球

134340 号小行星的轨道
134340 号小行星绕太阳公转一周需要花费大约 248 年，其中有二十年时间比海王星更接近太阳。

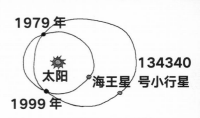

1979 年

太阳

1999 年

海王星

134340 号小行星

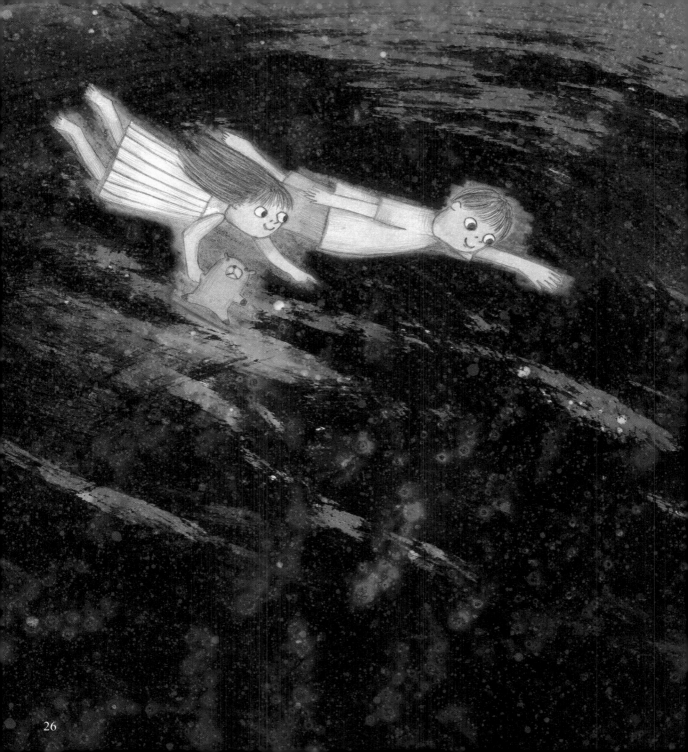

我们生活在地球上，地球是太阳系大家庭的一分子。太阳系除了地球以外还有很多天体，但就目前的科技水平而言，能够让人类和其他生物生存的天体只有地球。

太阳系大家庭

让我们来了解一下太阳系大家庭里的各个成员。通过比较太阳到各行星的距离，进一步认识太阳系的大小。

脑力大比拼 1

太阳系大家庭里都有谁呢？

看下图，观察一下太阳系都有哪些成员以及它们的特点。

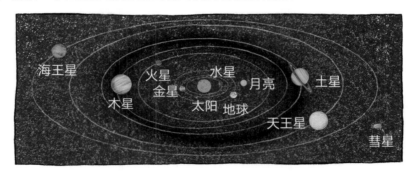

① 围绕太阳旋转的天体被称为"行星"。太阳系里的行星有水星、（　　　）、地球、火星、（　　　）、土星、天王星和海王星。

② 围绕行星旋转的天体被称为"卫星"。（　　　）是地球的卫星。

③ 除行星和卫星以外，小行星、彗星和流星等天体也是（太阳系　地球）大家庭里的成员。

> 太阳大家庭里的成员及其运动范围被称为"太阳系"，行星、卫星、小行星、彗星、流星等共同构成了太阳系。

答案：①金星，木星 ②月亮 ③太阳系

脑力大比拼 2

让我们来比较一下行星的大小。

如果我们把地球的半径看作 1 厘米, 那么其他行星有多大呢?

看下图, 比较一下行星的大小。

行星	水星	金星	地球	火星	木星	土星	天王星	海王星
半径	0.4	0.9	1.0	0.5	11.2	9.45	4.0	3.9
大小	·	·	·	·				

① 与地球大小最接近的行星是（　　　）。

② 体积最大的行星是（　　　）。

③ 把行星按照从大到小的顺序排列, 结果是:

（　　　）＞土星＞天王星＞海王星＞（　　　）＞金星＞火星＞（　　　）

体积最大的行星是木星, 体积最小的行星是水星。行星从大到小的顺序是木星、土星、天王星、海王星、地球、金星、火星、水星。

答案: ①金星 ②木星 ③木星, 地球, 水星

● 科学实验室

太阳到各行星的距离有多远呢?

太阳到各行星的距离十分遥远，远到我们无法想象。

通过实验了解太阳到各行星的距离，找出距离太阳最近的行星和最远的行星。

第 1 步 假设太阳到地球的距离是 1，那么太阳到其他各行星的距离可以标示如下。

太阳到地球的实际距离1.496亿千米。

行星	水星	金星	地球	火星	木星	土星	天王星	海王星
距离	0.4	0.7	1.0	1.5	5.2	9.5	19.2	30.1

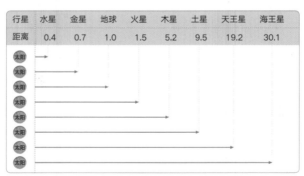

第 2 步 距离太阳最近的行星是（　　　）。

第 3 步 距离太阳最远的行星是（　　　）。

答案：②水星 ③海王星

按照距离太阳由远到近的顺序对行星进行排列，其结果如下所示。

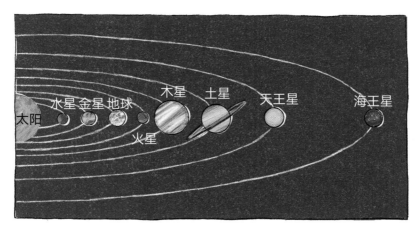

距离太阳由近到远的行星分别是：（　　　）、金星、地球、（　　　）、木星、土星、天王星、海王星。

小博士告诉你

　　如果太阳消失了，地球就会变成一个黑暗的世界，温度逐渐下降，所有的生物都会被冻死。如果太阳变得比现在更加炙热，那么地球上所有的生物都会因巨热而死亡。植物吸收太阳光线制造出养分，这些植物又被以人为代表的动物所食用。太阳还为我们的生活提供了不可或缺的能源。所以太阳对我们来说极其珍贵。

答案：水星，火星

以太阳为中心的世界

我们生活的地球以太阳为中心旋转，旋转一圈的时间为一年。围绕太阳公转的行星除地球以外还有7颗。太阳系中有着怎样的动人故事呢？

• 太阳系的大小

太阳系有多大呢？仅太阳就比地球大130万倍。从太阳到太阳系尽头的海王星之间的距离约为45亿千米，以音速飞行的飞机也要用超过419年的时间才能飞完这段距离。但是，当我们把太阳系放在整个宇宙中来看时，就会发现太阳系不过是银河系边缘的一个小点，太阳也不过是宇宙中一颗中等大小的星球。据说仅仅在银河系中就有超过1000亿颗与太阳类似的星球。

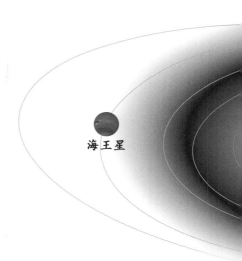

海王星

• 在气体与尘埃云团中诞生的太阳系

太阳系从漂浮在宇宙中的气体和尘埃云团中诞生。

气体和尘埃云团在旋转的过程中逐渐聚集在一起，其中心处诞生了原始的太阳。

围绕太阳旋转的气体与尘埃聚集在一起形成了行星。

围绕太阳公转的行星们

以太阳为中心的太阳系拥有水星、金星、地球、火星、木星、土星、天王星、海王星8颗行星。除行星以外，还有环绕行星公转的卫星、小行星以及彗星等。

以地球为代表的行星是不会自己发光的。行星之所以在夜里会发光是因为它们反射了太阳的光线。与行星不同，像太阳这样会自己发光的天体被叫做"恒星"。与太阳相比，围绕它旋转的行星都显得很小。如果我们把太阳比作西瓜的话，那木星和土星就相当于圣女果，天王星和海王星就像樱桃，地球和金星就像绿豆，火星和水星就只有可怜的小米那么大了。行星围绕太阳旋转的运动被称为"公转"，公转的路线被称为"轨道"。离太阳近的行星比离太阳远的行星公转周期要短。

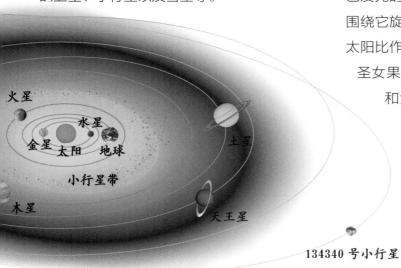

火星
水星
金星 太阳 地球
小行星带
木星
土星
天王星

134340 号小行星

类地行星与类木行星

行星可以按照物质性质分为类地行星和类木行星。水星、金星、地球、火星等类地行星体积较小，以岩石为主要成分。木星、土星、天王星、海王星等类木行星体积很大，表面由液化或固化气体构成。

类地行星的大气主要由二氧化碳、氮气、氧气、水蒸气等比较重的气体构成，而类木行星的大气主要由氢气和氦气等比较轻的气体构成。此外，尽管不一定像土星环那样明显，类木行星都拥有自己的卫星环带。

与行星不同，彗星围绕太阳旋转的轨道是一个椭圆。

大部分小行星都在火星与木星之间围绕太阳公转，也有一部分位于水星、地球附近，还有一些位于距离太阳非常遥远的地方。

拖着长尾划过星空的彗星

彗星是由冰冻的气体与尘埃构成的，在靠近太阳的过程中冰块会融化变成气体。这些气体受到太阳风的影响被拉长，看起来就像彗星的尾巴一样。所以彗星的尾巴总是在背对太阳的方向。彗星尾巴的长度甚至有可能会超过太阳与地球间的距离。

以发现者英国天文学家哈雷的名字命名的哈雷彗星是最著名的彗星，每76年靠近地球一次。

可能会给地球带来威胁的小行星

大部分小行星都处在火星与木星之间，但也有一些距离地球很近。如果这些小行星脱离了轨道撞向地球，那会发生什么呢？有科学家推测，大约6500万年前，小行星曾撞击过地球，使地球环境剧变，最终导致恐龙灭绝。这样的事如果再次发生，也许我们人类会遭受灭顶之灾。

1986年，哈雷彗星时隔76年造访地球。

美国的会合－舒梅克号探测器正在探测小行星爱神星。

流星横跨银河系

1997年火星探路者号探测器首次在火星着陆，其携带的索杰纳号火星车开始对火星进行探测。

划破星空坠落的流星

有时，漂浮在太阳系中的尘埃以及从小行星上脱离的固体块，它们在接近地球时会受到地球重力的影响，坠落到地球上。它们的运动速度很快，在与地球大气碰撞摩擦的过程中燃烧起火，这就是流星。

每天都有数百万个流星飞向地球，它们中的大部分都在落地之前燃烧成了灰烬。但也有一些特别大的流星没有完全燃尽并坠落在地上，这些流星被称作"陨石"。

火星上真的有生命吗?

人们从很久以前就相信火星上可能有生命存在，这是因为火星与地球有很多相似之处。火星上的一天也是24小时左右，并且存在四季变化。此外，火星上还有稀薄的大气，而且其中的95%都是二氧化碳。火星表面干涸的河川痕迹也表明火星上曾经有水存在。然而，到目前为止人们还未能在火星上发现任何生命的痕迹。

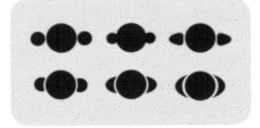

伽利略绘出的土星的形态

启明星科学馆

第一辑

生命科学

植物
池塘生物真聪明
小豆子长成记
植物吃什么长大？
花儿为什么这么美？
植物过冬有妙招
小种子去旅行

动物
动物过冬有妙招
动物也爱捉迷藏
集合！热带草原探险队
动物交流靠什么？
上天入地的昆虫
哇，是恐龙耶！

人体
小身体，大秘密
不可思议的呼吸
人体细胞大作战
我们身体的保护膜
奇妙的五感
我们的身体指挥官
食物的旅行
扑通扑通，心脏跳个不停

第二辑

地球与宇宙

环境
咳咳，喘不过气啦！
垃圾去哪儿了？
脏水变干净啦
濒临灭绝的动植物

地球
天气是个淘气鬼
小石头去哪儿了？
火山生气啦！
河流的力量
大海！我来啦
轰隆隆，地震了！
地球成长日记

宇宙
地球和月亮的圆圈舞
太阳哥哥和行星小弟
坐着飞船游太空

生命科学

生物
机器人是生物吗？
谁被吃了？

物质科学

能量
寻找丢失的能量

河流的力量

韩国好书工作室 / 著　　南燕 / 译

浙江教育出版社·杭州

江宝生活在一个小乡村里。他生活的村子十分特别，河流是环绕村子流动的。站在高山上向下看，就可以看到河流环绕村落的全貌。

有一天，江宝突然好奇地问道："为什么河水会绕着我们的村子流动呢？"

为了破解这个谜团，江宝决定沿着河流来一次旅行。

3

江宝来到河流的上游。湍急的河水正沿着陡峭的山坡向下奔流而去。这里的岩石巨大，棱角分明。地形越陡峭，水流就越湍急，强大的水流甚至可以将坚硬的岩石冲刷成小石块。流水对地面的这种破坏过程被称为"侵蚀作用"。

再坚硬的岩石也没问题！

江宝又向下游走了一段路。河水正沿着深深的 V 形峡谷流动。这座峡谷是在水流长时间的侵蚀作用下形成的，因为长得像英文字母 V，所以被称为"V 形谷"。侵蚀作用就这样改变了大地的形态。

在河流侵蚀作用下形成的美国科罗拉多大峡谷

刚下过一场雨，河水继续向下游流去。江宝用双手捧起河水，里面有许多小石子和砂砾，它们被湍急的河水带着一起流动。流水把泥土或沙子搬运到他处的过程被称为"搬运作用"。

冲啊！

突击！

在缓慢流淌的河流附近堆积着许多石块和沙子。由于河水的力量减弱，被搬运至此的沙石在河流底部（河床）堆积，这个过程被称为"堆积作用"。在堆积作用下形成的大地就像一把扇子，因此叫作"冲积扇"。长时间的堆积作用会使地貌发生改变。

美国加利福尼亚州的死亡谷冲积扇

13

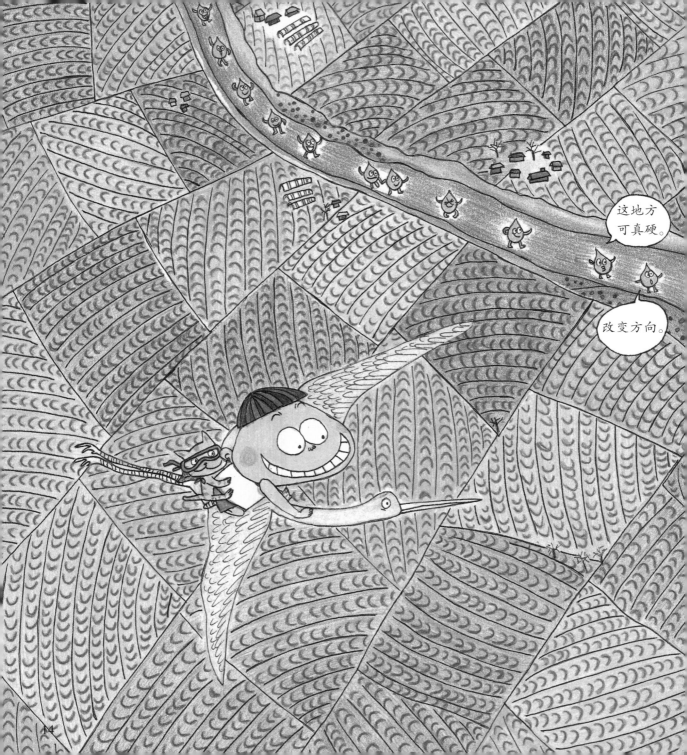

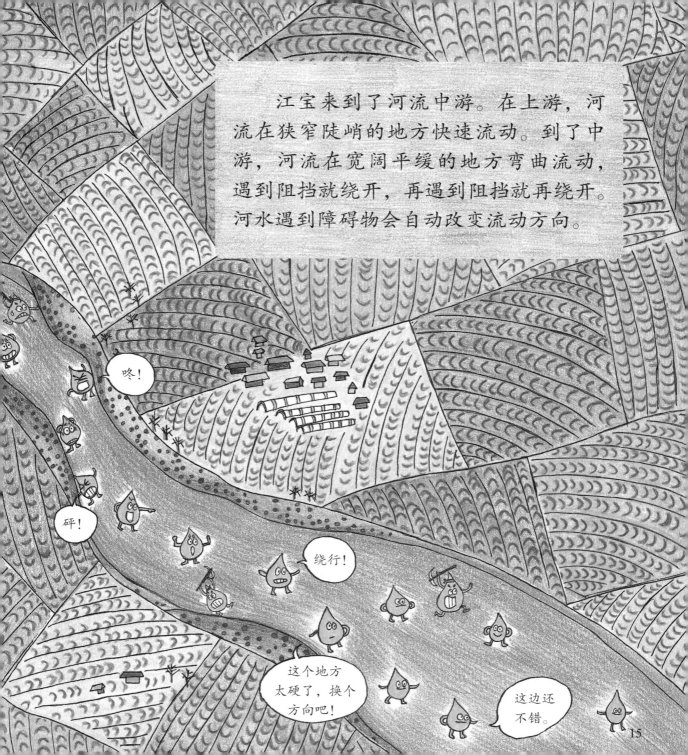

沙子和泥土堆积在凸岸（向河水内部凸出的河岸），而凹岸（向河水外围凸出的河岸）被河水侵蚀，河岸较为陡峭。为什么会出现凸岸和凹岸呢？

这是由不同的河水流速导致的。在凸岸，水流速度慢，水的力量小，泥沙就会堆积在这里。在凹岸，水流速度快，水的力量大，河水就会侵蚀河岸。

17

蛇曲河的形成过程

18

　　江宝继续沿河而下，河流越来越蜿蜒曲折了。这是因为在凸岸发生着堆积作用，而在凹岸发生着侵蚀作用。随着时间的推移，河流会更加弯曲，看起来就像一条蛇在爬行，因此叫作"蛇曲河"。

日本钏路湿原国立公园的蛇曲河

19

江宝继续顺着河流往下游走，最后终于回到了自家村落。在侵蚀作用和堆积作用下形成的蛇曲河将这片土地环绕起来。

20

河绕村的形成过程

21

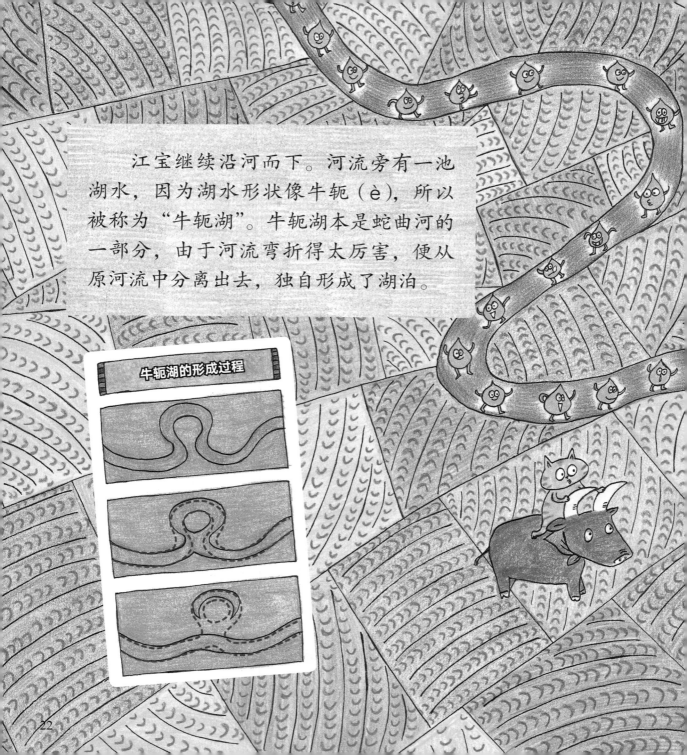

　　江宝继续沿河而下。河流旁有一池湖水，因为湖水形状像牛轭（è），所以被称为"牛轭湖"。牛轭湖本是蛇曲河的一部分，由于河流弯折得太厉害，便从原河流中分离出去，独自形成了湖泊。

牛轭湖的形成过程

新西兰维拉河的牛轭湖

23

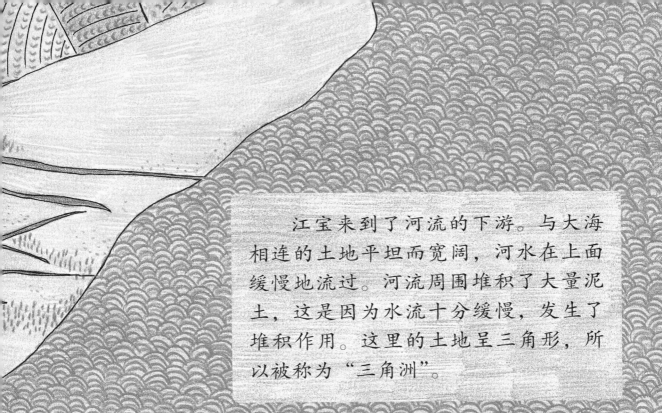

江宝来到了河流的下游。与大海相连的土地平坦而宽阔，河水在上面缓慢地流过。河流周围堆积了大量泥土，这是因为水流十分缓慢，发生了堆积作用。这里的土地呈三角形，所以被称为"三角洲"。

从空中俯瞰埃及尼罗河三角洲

在河流下游，他画了三角洲。这些丰富多彩的地貌都是在河流作用下形成的。当然，江宝生活的村落也是在河流作用下形成的，你能在地图上找到它吗？

牛轭形状的牛轭湖。

最后是三角洲。

终于知道河流的神奇力量啦。

河流的侵蚀、搬运、堆积作用

我们来了解一下河流的侵蚀、搬运、堆积作用，以及在这些作用下地貌发生的变化。

● 脑力大比拼1

从上游到下游，各地段的石头和土地形态发生了怎样的变化？

下图展示了河流周边的石头和土地的形状。请观察上、中、下游的石头和土地形状发生了怎样的变化。

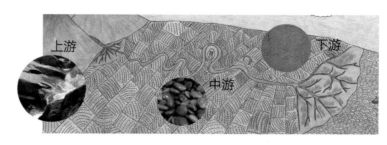

① 在河流的（上游　中游　下游）有许多巨大的岩石和棱角分明的石头。

② 在河流的（上游　中游　下游）有许多又小又圆的鹅卵石。

③ 在河流的（上游　中游　下游）有许多细小的沙粒和泥土。

河流上、中、下游的石头和土地形状之所以不同，是因为河水流量和速度不尽相同。在河流上游，地形陡峭、河面狭窄、水流量小，但速度极快。在河流下游，河面开阔、土地较为平坦、水流量大，但流速缓慢。所以河流的上、中、下游的石头和土地的形状不同。

答案：①上游 ②中游 ③下游

从上游到下游，各地段河流周边的地貌发生了怎样的变化？

下图展示了河流在上、中、下游三个地段的面貌。请观察河流周边的地貌发生了怎样的变化。

上游　　　　　　　中游　　　　　　　下游

① 河流的（上游　中游　下游）河面狭窄，有瀑布和峡谷。破坏岩石的（侵蚀　搬运　堆积）作用在这里频繁发生。

② 河流的（上游　中游　下游）河面逐渐变得宽阔。搬运泥土和沙子的（侵蚀　搬运　堆积）作用在这里频繁发生。

③ 河流的（上游　中游　下游）河面宽阔，被河水搬来的泥土和沙子堆积在此，（侵蚀　搬运　堆积）作用频繁发生。农田和乡村分布在周边广阔的大地上。

　　河水破坏岩石、石头、土地的过程被称为"侵蚀作用"。河水搬运被侵蚀的石头、泥沙的过程被称为"搬运作用"。搬运来的泥沙堆积的过程被称为"堆积作用"。在河水长时间的侵蚀、搬运、堆积作用下，河流周边的地貌逐渐发生改变。

答案：①上游，侵蚀 ②中游，搬运 ③下游，堆积

• 科学实验室

河流是如何改变地表的呢？

河流通过侵蚀、搬运、堆积作用不断地改变着地貌。请通过实验观察河流是如何改变地貌的。

第1步 将泥土、沙子、鹅卵石均匀平整地铺在流水台上。用支架将其中一边架起，使整个流水台倾斜。在上面挖出一条河流一样的弯曲的水道。

流水台

第2步 从流水台的高处向下倒水，观察水流的样子和土地的变化。

思考

● 流水台的高处可以视作河流的（ ），低处可以视作河流的下游。

第3步 调整水量，观察土地形状的变化。

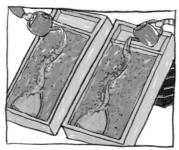

答案：②上游

第**4**步 改变流水台的倾斜度，观察土地形状的变化。

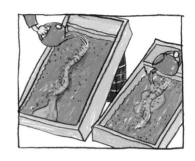

结论

① 流水台（上方　下方）的水流速度快，水道窄而深。

② 流水台（上方　下方）的水流速度慢，水道宽而浅。

③ 流水台的（上方　下方）堆积有冲刷下来的沙子和泥土。

④ 流水台的水流量越大，水道越（浅　深）。

⑤ 流水台倾斜度越大，被冲刷下来的泥土越（少　多）。

小博士告诉你

流水台是观察流水作用的实验装置。通过流水台实验，我们可以了解河水自上而下流动时是如何改变地表形态的。河水破坏河流底部及周边的土地，被侵蚀下来的石块、沙子和泥土又被流动的河水搬运到下游堆积。在这一系列的作用下，河水周边的地貌发生改变。

答案：①上方　②下方　③下方　④深　⑤多

河流改变着大地

地貌会随着时间的推移逐渐发生改变。曾经的缓坡会变成深邃的峡谷，河流下游还会出现宽广的平原。让我们一起来看看水的侵蚀、搬运、堆积作用都形成了怎样的地貌。

• 水的能量

水在高处就会拥有势能。高处的势能使流水在下落过程中拥有推动物体的力量，流量越大、流速越快，其力量也就越大。连续降雨所引发的洪水能够冲走汽车和树木，甚至能够引发山体滑坡，卷走大量土壤，这都是因为流水拥有巨大能量而导致的。水力发电站便是利用流水从高处落向低处的动能发电的。

• 侵蚀、搬运、堆积作用

水量的大小和流速的快慢决定了水流的力量。水流力量强大时，不仅能移动堆积在河流底部的泥土和沙石，甚至能将埋在泥沙下面的岩石卷出并移走。流水破坏物体的过程被称为"侵蚀作用"；流水卷走被侵蚀下来的物体的过程被称为"搬运作用"；随着水势减弱，被搬运的物体逐渐下沉、堆积，这一过程被称为"堆积作用"。

中国山西省的黄河壶口瀑布

美国科罗拉多大峡谷国家公园

• V形谷

　　V形谷多出现在水流速度快、地形狭窄的河流源头和上游地区。最初河水是顺着平缓的山坡流过，随着时间的推移，河水不断冲刷河流底部，形成深深的峡谷。

美国黄石国家公园

• 冲积扇与三角洲

　　冲积扇是指形状像扇子一样的地形。河流从上游狭窄的峡谷流出，来到较为平缓的地段，这时水流速度变慢，开始发生堆积作用。河流流过峡谷时侵蚀并携带下来的沙石会沉积于此，所以扒开冲积扇地段的泥土，会发现混有沙石的地层。在中国祁连山的西侧，昌马河从山谷中流出形成了昌马洪积扇。

　　三角洲是指因河流的堆积作用而形成的广阔平原，由于形状像三角形，故被称为"三角洲"。另外，由于其形状很像希腊字母 Δ，三角洲也叫"delta"。三角洲多出现在河流入海口处，由于水流速度极其缓慢，质地良好的细小泥沙也会沉淀下来，所以三角洲土地多土质肥沃。中国最为典型的是黄河入海口处的三角洲。

加拿大落基山脉冰川溪口的冲积扇

改变地貌的其他力量

除了河流之外，还有其他一些改变地貌的力量——地下水、风、波浪，以及巨大的冰川。这些力量是怎样改变地貌的呢？让我们一起来了解一下吧！

· 波涛造美景

每当波涛"哗——哗——"地拍打海岸，就会发生一次次的侵蚀作用，这样形成的悬崖被称为"海蚀崖"。那么，被波涛侵蚀下来的沙石到哪里去了呢？它们又被带回了大海，沉积在了海底。经过时间的推移，海底就会形成宽阔的平地，这种地形被称为"深海阶地"。

北美加勒比海的巴巴多斯溶洞

· 水溶解岩石形成的石灰岩溶洞

石灰岩遇水会溶解。如果地下有石灰岩形成的巨大地层，并且有地下水从缝隙中流过的话，石灰岩就会溶解，形成巨大的石灰岩溶洞。溶洞里有在地下水的溶解作用下形成的千奇百怪的岩石：像冰凌一样倒挂在天花板上的是钟乳石，从地表向上生长的是石笋，钟乳石与石笋连接在一起形成的柱子被称为石柱。

澳大利亚坎贝尔港国家公园

在寒冷地区，积雪长期不融化，堆积在一起形成巨大冰块。这些冰块以每年2~4000米的速度从高处向低处缓慢移动，这种移动的巨大冰块被称为冰川。冰川或在自行移动的过程中在大地上留下划痕，或随着河水漂流，引发侵蚀和搬运作用，由此形成类似字母U的大峡谷——U形谷。

瑞士阿尔卑斯山的U形谷

强风可以侵蚀坚硬的岩石，也可以将沙石席卷到各处。像这样由风剥离地表沙粒或岩石碎屑的过程被称为"风力侵蚀"。风扬起的沙粒侵蚀岩石底部，形成蘑菇岩。散布在荒漠或戈壁滩上的岩石，有两、三个光滑的扁平面，这样的岩石被称为"三棱石"。

美国亚利桑那州大理石峡谷的蘑菇岩

启明星科学馆

垃圾去哪儿了?

韩国好书工作室 / 著　　南燕 / 译

浙江教育出版社·杭州

扫码听音频

吃完冰爽的西瓜和甜甜的橘子后，它会被剩下。从包装精美的礼品盒中拿出礼物后，它仍然会被剩下。

"它"是什么呢？

"它"就是垃圾！

我们的衣、食、住、行、用，都会产生垃圾。

假设一个人的寿命是 70 年，那么他一生产生的生活垃圾可以多达 30 吨。

有这么多！没想到吧？

如今，我们周围的生活垃圾越来越多。

人们为了方便，经常使用一次性用品。比如，在吃快餐的时候，商家经常会提供一次性餐具。

一次性用品

一次性用品分必要和非必要两类。其中，非必要一次性用品的应用范围很广，我们常用的木制筷子、纸杯、吸管、塑料袋等都属于这一类。制造一次性用品需要消耗大量的资源，废弃后的降解过程也很漫长。尽管一次性用品既方便又卫生，但是为图方便而对环境造成危害，可是得不偿失哦。

7

不可回收垃圾

纸类

瓶类

实际上，很多被当成垃圾丢弃的物品都是可以循环再利用的，只要通过合理的回收，就能够达到减少垃圾的目的。

为了把有再利用价值的垃圾有效回收，我们需要先进行垃圾分类。这样做可以减少环境污染和土地消耗，还能降低垃圾处理成本。

瓶类　纸类　不可回收垃圾

垃圾被合理分类后，就能得到有效利用和妥善处理了。旧报纸、包装纸、旧书等可以被重新做成纸。回收利用一个铝制罐头盒，比制造一个新的所消耗的资源少很多。至于那些无法再利用的垃圾，可以被集中处理。

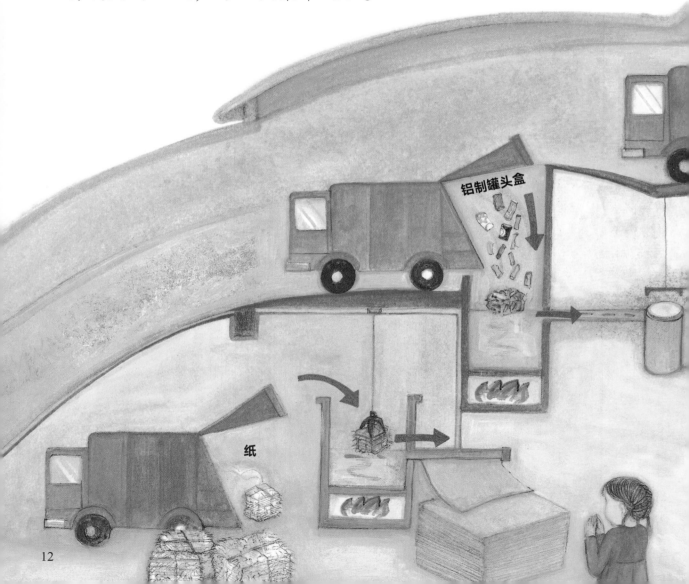

铝制罐头盒

纸

有些塑料瓶也是可以被回收再利用的，经过加工后能用来制作衣服、围巾和皮鞋的鞋跟。

塑料瓶

用回收塑料制作的物品

衣服

皮鞋鞋跟

围巾

玻璃瓶在经过清洗、粉碎、高温熔化、模具定型、消毒等工序后被重新使用。

玻璃瓶

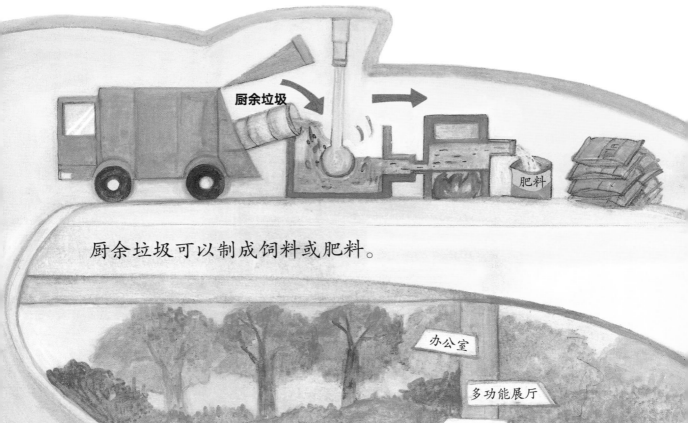

厨余垃圾

肥料

厨余垃圾可以制成饲料或肥料。

办公室

多功能展厅

第一处理厂

第二处理厂

蚯蚓与厨余垃圾

近些年来，一些家庭为了处理厨余垃圾，甚至开始饲养蚯蚓。因为蚯蚓不仅能吃掉厨余垃圾，还能排出富含养分的粪便（一公斤蚯蚓每天大约可以处理掉一公斤厨余垃圾）。这可是超级棒的肥料！

15

可回收物

铝罐

纸

玻璃

塑料

废旧衣物、床上用品、布艺用品等纺织物，也属于可以回收利用的生活垃圾。

纸盒

大家留意过垃圾分类的标准吗？

在中国，生活垃圾被分为可回收物、有害垃圾、厨余垃圾和其他垃圾四类。

像家具、家用电器等大件垃圾和装修垃圾则会被单独分类。

17

为了便于人们识别可循环利用的材质、了解消费品对环境是否友好，相关部门还发布了环境标志。环境标志通常贴在可回收物上，证明该产品使用低公害原料制成，对环境危害较小，或废弃时不会对环境造成破坏。

欧盟环境标签

这是目前在欧洲乃至全球范围内都得到极高认可的环境标志，只有对环境最友好的产品才有权获得。贴有这一环境标志的产品，必须始终将其与许可证编号一起使用。

欧盟环境标签

循环利用标志

再生塑料

再生纸

天然洗涤剂

再生纸篮

再生纸制品、废食用油制成的肥皂、使用天然染料代替化学染料的衣物等这些产品的包装上都贴有环境标志。

多功能展厅

棉质衣物

天然染色剂

19

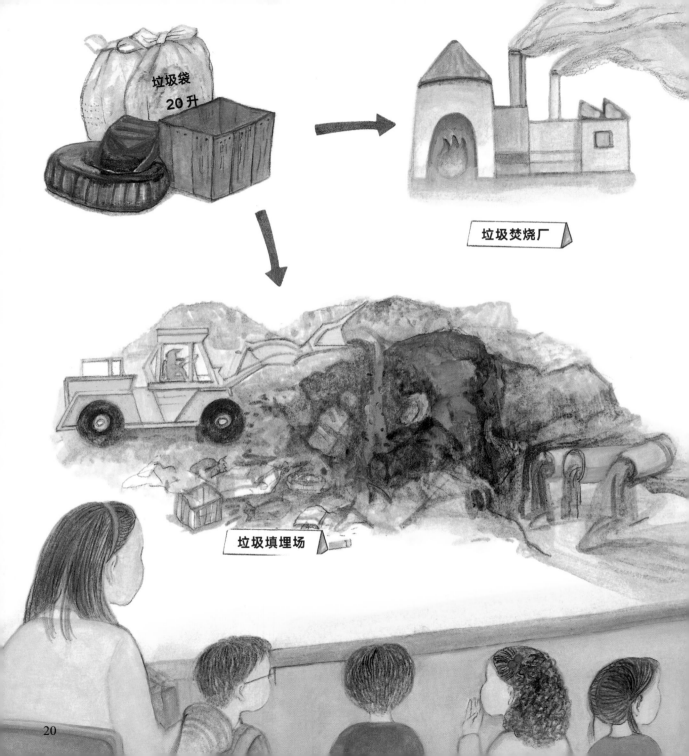

垃圾袋
20升

垃圾焚烧厂

垃圾填埋场

20

一次性用品会产生无法循环利用的垃圾，一般会被集中焚烧或掩埋。

这样做会出现很多问题。比如垃圾焚烧会造成大气污染，特别是塑料制品，在焚烧过程中会释放氯和二噁（è）英等有毒物质。如果将垃圾掩埋在地下，则会造成土壤污染和地下水污染。

中国上海的老港曾经是亚洲最大的垃圾填埋场，解决了上海市 2/3 的城市垃圾处置问题。不仅如此，老港还可以变废为宝，利用沼气发电，通过堆肥生产有机肥。经过两年的改良建设——土壤改良、地形微整，老港逐渐披上"绿衣"。一座环保郊野公园正呼之欲出。

　　垃圾的回收和再利用都非常重要，有效的循环利用能够减少垃圾对环境的影响。

　　所以，下一次购买商品或是丢弃垃圾之前，请你仔细想一想：

　　这件东西对我来说是必需品吗？

　　我要丢掉的东西是不是还能继续使用呢？

　　它可以被回收或重复使用吗？

　　它是不是有害垃圾呢？

想象一下我们生存的地球被垃圾覆盖的场景，是不是会让你觉得毛骨悚然呢？

那就让我们共同努力，创造一个洁净、宜居的美好家园吧！

瓶类

纸类

不可回收垃圾

27

垃圾是可以越来越少的

让我们来了解一下保护环境的理由和减少垃圾的方法。

脑力大比拼1

为什么要保护环境？

环境污染会带来什么后果？

① 如果水被污染，水中生活的鱼类将（难以　容易）存活。

② 如果空气被污染，我们呼吸起来会很（轻松　困难）。

③ 如果环境被（　　　　　　），无论是植物还是动物都将难以存活。

为了保护环境，我们应该节约用水、用电、用纸，不乱丢垃圾，减少污染。

答案：①难以　②困难　③污染

为什么要使用分类标志?

了解一下这些标志的用途。

垃圾分类标志

有害垃圾
Hazardous Waste

厨余垃圾
Food Waste

可回收物
Recyclable

其他垃圾
Residual Waste

❶ 可循环利用的垃圾使用（　　　　　）标志。

❷ 以上标志是为了减少（垃圾　再利用），对资源进行回收再利用而制定的。

❸ 吃剩的饭菜和水果属于（　　　　　）。

❹ 被淘汰的课本和作业本属于（　　　　　）。

❺ 用过的一次性筷子和一次性杯子属于（　　　　　）。

❻ 废旧电池属于（　　　　　）。

减少垃圾的方法就是有效分类回收，循环利用。在购买物品时尽量选择包装上贴有回收标志的物品，在丢弃垃圾时要根据材料分类丢弃。

答案：①回收 ②垃圾 ③厨余垃圾 ④可回收物 ⑤其他垃圾 ⑥有害垃圾

· **脑力大比拼 3**

经常使用一次性用品会造成什么环境问题？

读一读，思考使用一次性用品会产生的问题和解决办法。

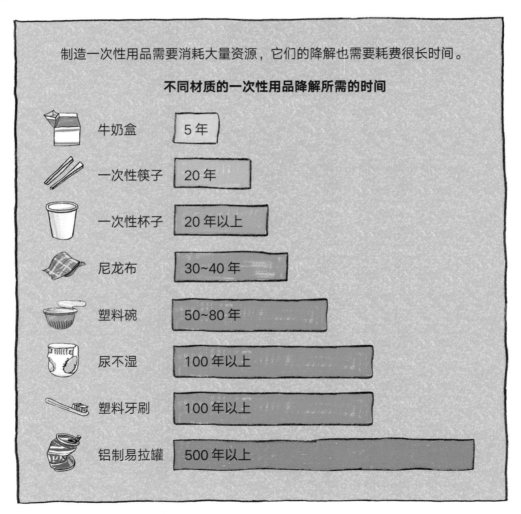

制造一次性用品需要消耗大量资源，它们的降解也需要耗费很长时间。

不同材质的一次性用品降解所需的时间

一次性用品	降解所需的时间
牛奶盒	5 年
一次性筷子	20 年
一次性杯子	20 年以上
尼龙布	30~40 年
塑料碗	50~80 年
尿不湿	100 年以上
塑料牙刷	100 年以上
铝制易拉罐	500 年以上

❶ 只能用一次的木制筷子降解所需要的时间是（　　　　）年。

❷ （存在　不存在）降解时间超过 100 年的一次性用品。

❸ 因为一次性用品降解需要漫长的时间，所以垃圾的数量会逐渐（增多　减少）。

❹ 为了提倡人们减少使用一次性购物袋，世界各地超市的做法也是五花八门。有的超市规定，如果顾客随身带了购物袋，超市可以返还购物袋的费用或者赠送菜篮子。

❺ 我们无法彻底消除垃圾，但是可以通过减少（一次性用品　可回收用品）的使用来减少垃圾的数量。

随着生活越来越便利，我们制造的垃圾数量在不断增加，使用合成材料制作的产品数量也在增加，而这些产品成为垃圾后将很难降解。此外，便捷的一次性用品和快餐食品的生产和消费，也致使垃圾的排放量越来越大。如果这种状况持续下去，地球早晚有一天会被垃圾覆盖。我们虽然无法彻底清除垃圾，但可以通过减少排放和合理处理，来有效地减少环境污染。

答案：① 20 ②存在　③增多　⑤一次性用品

31

对于我们而言，垃圾是什么？

在工业生产还未出现的过去，垃圾可以自行降解，回归大自然。而在经济飞速发展的今天，越来越多的垃圾是根本无法降解的。面对不断增多的垃圾，我们真的束手无策吗？

什么是环境污染？

由于人类活动导致的空气、水、土壤的污染，以及噪音、震动等对自然环境和生活环境造成损害的现象，统称为环境污染。环境污染分为大气污染、水体污染、土壤污染、噪声污染、农药污染、辐射污染、热污染等。

工厂制造产品，我们乘坐交通工具、使用冷气或暖气、生火做饭，这些日常活动都在不断地污染着自然环境和生活环境，给人类和其他生物的生活和健康带来了严重影响。

垃圾的危害

人们在生产生活中排出的废弃物被称为垃圾。垃圾可以分为生活垃圾、工业垃圾等。如果不能对垃圾进行妥善处理，不仅我们的生活空间会变得肮脏不堪，有碍美观，还会对环境造成污染，对生态系统造成破坏。

垃圾能够通过土壤污染、大气污染和水污染影响人体健康和生态环境。据统计，每年约有 800 万吨塑料被倾泻到海洋中，仅太平洋上的"塑料垃圾带"面积就达 70 万平方公里。许多海洋动物因体内塑料堆积过多而死。

不断增多的垃圾

大量的一次性用品使垃圾的排放量越来越大。如果不加以改善，预计到 2025 年全世界的垃圾排放量将达到现在的 4~5 倍，地球将被垃圾所覆盖。

随着中国工业化进程和城市化的加快，城市垃圾的产量不断增加。中国目前生活垃圾产生量在 4 亿吨以上，产业垃圾产生量为 6 亿吨，总体垃圾量为 10 亿吨，是垃圾生产的大国。而这个数据正在以每年 10% 的速度快速增长。

我国城市人均日产垃圾已达 1.0~1.2 公斤。垃圾问题越来越严重，因此积极推广垃圾分类和回收利用迫在眉睫。

生活垃圾的处理

垃圾不仅是环境污染的罪魁祸首，还是造成二次污染的原因。一般情况下，人们将生活垃圾分为可回收垃圾、有害垃圾、厨余垃圾和其他垃圾四类。可回收垃圾又分为纸类、塑料、金属、玻璃和织物等，需要分别进行回收。然而在垃圾处理过程中，绝大部分都被填埋或焚烧，只有少部分被回收利用。

填埋场的垃圾肮脏不堪、臭不可闻，同时还会对地下水和土壤造成污染。被填埋的垃圾中的水分，加上进入填埋场的雨雪，经过垃圾层后会形成有毒的垃圾渗滤液。渗滤液流入附近的河流，会对水质造成破坏，渗进地下则会污染地下水。垃圾腐烂时形成的甲烷气体会导致地表温度升高，加剧温室效应。

所以说，如何妥善处理日渐增多的垃圾，是保护环境的第一步。

想要减少垃圾，就要在日常生活中养成垃圾分类、减少使用一次性用品的好习惯，尽量使用再生产品、带有环保标志的以及可以回收利用的产品。做饭的时候尽量减少厨余垃圾，食物残渣应去掉水分后再丢弃。

日本是垃圾分类的典范国家，生活垃圾类别最多可达 20 种。由于分类严格，最终需要焚烧的只有一些干性垃圾。

家庭　工厂　学校　收集-运输-分类　焚烧　循环利用　填埋　**垃圾的产生与处理**

玻璃瓶　金属类　塑料类　纸类　**可回收物**

根据材质分类的可回收物

保护土壤资源

土壤和空气、水一样，是人类赖以生存的资源。土壤只存在于地球表面，因此十分珍贵。

土壤里生活着许多动物——大到鼹鼠，小到细菌、霉菌。细菌、蚯蚓等以垃圾、落叶和泥土为食，把物质分解为其他动植物可以吸收的养分。总之，土壤里的各种生物相互影响，彼此依存。

另外，我们人类所吃的食物有一半以上都生长在土壤中。如果土壤被垃圾污染，生活在土壤里的动植物以及人类都会受到影响。

地球日

地球日是指为了让人们意识到环境污染的严重性而设立的自然环境保护日。1969 年，美国加利福尼亚州海上发生石油泄漏事故。以此为契机，美国参议院议员盖洛·尼尔森提议设立地球日，当时还是哈佛大学在读学生的丹尼尔·海斯积极策划推进，并于 1970 年 4 月22 日发起了首次主题活动。为了提高人们对于环境污染和生态系统破坏问题的警惕，每年的 4 月 22 日，全世界有 184 个国家、5000余个团体都会举办"地球日"相关活动。

启明星科学馆

寻找丢失的能量

韩国好书工作室 / 著　　南燕 / 译

浙江教育出版社·杭州

扫码听音频

"英宇，你又没关卫生间的灯，快去关上！"

"不用电脑的时候要记得关电源！"

"你知道你浪费了多少能量吗？"妈妈跟在英宇身后不停地唠叨着。

"不想听！不想听！我不想听！要是这些能量全都消失就好了，那我就再也不用听妈妈唠叨了……"英宇小声嘀咕着。

英宇，我不是叫你关好冰箱门吗？

3

第二天一早，英宇忽然发现家里的电视和电扇都打不开了。妈妈也坐在地上一动不动。外面，汽车全都停在马路上，人们横七竖八到处躺着。

"啊……发生什么事了？怎么大家都不动了！"英宇害怕地哭了起来。

"哭什么哭，你不是希望能量都消失吗？"一个声音从英宇头顶传来。英宇抬起头，看到一只精灵在半空中飞舞。

不是你说的希望能量都消失吗？

5

"能量消失和大家都不动有什么关系啊？"英宇一边抽泣一边问。

精灵问英宇："你知道想让这台电风扇动起来需要什么吗？要想电风扇工作就得有电,类似电这种能使物体运转起来的力量就是能量。"

"那……你快点儿把能量还回来吧。"

听了这话,精灵扑哧一声笑了起来："想要能量回来,要靠你自己去找哦。"

要想让电风扇转起来,必须先插上电源,按下开关。

"可是……我到哪里去找啊？你能帮帮我吗？"英宇边哭边说。

精灵想了想说："找到能动的东西，就能找到能量了。一共7种能量，都找全了才可以。"

精灵给了英宇一个能把能量收集起来的魔法口袋，和英宇一起踏上了寻找能量的旅程。

没错，有了电能，电风扇才会动起来。

英宇和精灵来到阳光炙热的海边，为了寻找能量，他四下张望着。

"找到能动的东西，就能找到能量。"英宇看到海浪哗啦啦地拍打着海滩，彩旗迎着海风飘扬，他大喊："找到了！海风在吹着旗子动呢！"

太阳发出的热量使陆地和海洋受热升温，陆地上空的空气先变热变轻，上升到高空，为了填补这些空气留下的空白，海洋上空的空气就会向陆地流动，这就形成了风。

热量使大地升温，使空气流动。

按照精灵说的，可以使物体动起来的就是能量，所以热量是一种能量。

这是英宇找到的第一种能量。

陆地上空的空气变热上升。

为了填补陆地上空的空白，海洋上空的空气向陆地流动，就形成了风。

太阳散发出的热量能让风吹起来，所以热量是一种能量。

热能

热能是一种能改变物体状态的能量，它可以改变物体的温度、形态等，比如可以使冰融化成水。热能一般是从温度高的地方向温度低的地方流动。

9

英宇和精灵乘着风来到山坡上，巨大的风车骨碌碌地转动着。英宇兴奋地喊道："风让风车转起来了！"

使风车动起来的力量是风，所以风是一种能量，像风一样运动的物体具有的能量叫作动能。

英宇找到了第二种能量。

动能

我们把运动中的物体所具有的能量称为动能。运动中的物体越重，或者运动速度越快，物体所具有的动能就越大。

11

风车在转动时可以产生电。这些电通过发电站和电线等设备流向工厂、地铁和千家万户。

电能

电能能使家里的电器、工厂里的机器、地铁等运转起来。电能可以轻易地转换为热能、动能等其他能量。与其他能量不同的是，电能能够被储存起来使用。

有了电，地铁才能跑起来，可见电能也是一种能量。

就这样，英宇找到了第三种能量。

电能使地铁跑起来。

13

英宇和精灵坐着地铁来到风景秀丽的村庄。

田野里长满了绿油油的蔬菜。蔬菜想要生长，必须有足够的养分，正是太阳发出的光帮助蔬菜制造了养分，使蔬菜生长，光所具有的这种能量叫作光能。

光能是英宇找到的第四种能量。

光能

植物吸收太阳光之后，进行光合作用，从而制造养分，这些养分帮助植物生长，使植物结出果实，进而延续生命。

15

英宇饿了。以往妈妈都会为他准备好新鲜可口的食物。

食物进入我们的身体后，会被逐渐分解成小块，转化成能量，让我们获得力量，从而进行各项活动。如果不吃食物，我们就无法活动。

所以，能够促使我们活动的食物也是一种能量。这种物质分解或合成时产生的能量叫作化学能。

这是第五种能量。

如果不吃饭，人就没力气，没法运动了。

化学能
当某种物质的性质发生改变，或变为新的物质时，会释放或吸收能量。物体在燃烧过程中释放出的光和热也是很有代表性的化学能。

17

游乐场里有许多动来动去的游乐设施。

"动的东西越多，是不是能量就越多？"一想到这里，英宇不由地兴奋起来。

嗖的一声，英宇从滑梯上滑了下来。是什么使得英宇能从高处滑到低处呢？像这种，位于高处的物体具有的能量叫作势能。

英宇找到了第六种能量。

重力势能
位于高处的物体受到地球引力的影响而拥有重力势能，物体的位置越高，势能越大。

①秋千位于高处，晃动慢，所具有的势能大、动能小。

②秋千位于低处，晃动快，所具有的势能小、动能大。

"看！那个东西也在动呢！"英宇一边喊，一边向秋千跑了过去。

摇摆的秋千上有什么样的能量呢？

③秋千位于高处，晃动慢，所具有的势能大、动能小。

秋千晃动也能产生能量。

　　秋千在摇摆时，还会反复地加速和减速。来回摆动是因为秋千具有势能，加速或减速则是动能在发挥作用。所以，荡秋千能使我们同时感受到势能和动能。

21

英宇爬上蹦床，用力往下一蹬，蹦床猛地向下一陷，之后又迅速地恢复了原状，将英宇弹到了空中。

　　被拉长的蹦床能迅速恢复原状，这种特性叫作弹性。由于弹性可以让英宇蹦起来，所以它也是一种能量。蹦床所具有的能量就是弹性势能。

　　太棒了！七种能量全部找到了。

弹性势能

弹簧或者橡皮筋所具有的能量，就是弹性势能。弹簧或橡皮筋被拉得越长，所具有的弹性势能就越大。同一弹性物体在一定范围内形变越大，具有的弹性势能越大，反之，则越小。弹性势能从本质上来说是一种势能。除了重力势能和弹性势能，势能还包括电势能和核势能等。

23

　　"我把七种能量都找到了，快把能量复原吧！"英宇说着，打开了装着能量的魔法口袋，就在口袋打开的一瞬间，七种能量立即飞向了世界各地。

　　整个世界重新开始了运转，汽车嘀嘀地鸣着喇叭在道路上奔驰，人们充满活力地走来走去，连小狗和小鸟也在闹个不停。

　　"太好了！太好了！大家又动起来了！"

　　那么妈妈呢，妈妈怎么样了呢？

　　"英宇！该起床了！"有人把英宇摇醒，这个人正是英宇的妈妈。

　　"妈妈！你收到我释放的能量了吗？"英宇猛地抱住妈妈。

　　"这孩子，说什么胡话呢？"妈妈一边说，一边紧紧地把英宇搂在怀里。

　　……

　　据说，从那以后，英宇成了一个特别懂得节能的好孩子，因为他明白了，世界的运转需要能量呀！

能量的作用

我们来了解一下什么是能量，能量从哪里来，以及如何判断能量的多少。

● 脑力大比拼1

物体拥有能量后会发生什么？

看下图，了解一下物体拥有能量后会发生什么变化。

① 静止的汽车在发动引擎后（会移动　不会移动）。

② 不发光的电灯在打开开关后（会发光　不会发光）。

③ 静止的物体拥有（　　　　）后会移动或发光。

拥有能量后，静止的物体可能会移动，也可能会发出光、热或者声音。

答案：①会移动　②会发光　③能量

从哪里能够获得能量？

下面，我们来猜一猜从哪里可以获得能量。

①（石油　太阳）是汽车的主要燃料，能够使汽车移动。它是有限的能源，在燃烧时会排放污染物质。

②（石油　太阳）发出的光和热能够照亮暗处，使温度上升。它不排放污染物质，可以无限使用。

③ 我们可以从石油和太阳上获得能够使物体移动或发光的（　　　　）。

　　石油、天然气、太阳、风、位于高处的水等都具有能量，只有利用这些，我们才能获得使物体移动或发出光和热的能量。这些都被我们称为"能源"。如果能源消失了，我们就无法获得能量。

答案：①石油 ②太阳 ③能量

● 科学实验室

如何判断能量的多少?

我们用热量、风和位于高处的物体来做个实验吧。仔细观察一下,什么情况下能量多,什么情况下能量少。

第1步

使球从空中落到铃鼓上,调整球的高度,比较鼓声的大小。

思考

● 从高处掉落的球和从低处掉落的球相比,哪个造成的鼓声大?

(高处　低处)

第2步

测量并比较冷水和热水的温度。

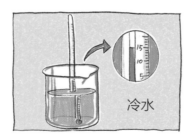
冷水

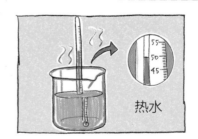
热水

思考

● 冷水和热水相比,哪种水的温度更高?

(冷水　热水)

答案:1.高处 2.热水

第 3 步

用嘴巴吹出的弱风和用电风扇吹出的强风吹风车，比较风车旋转的速度。

思考

- 风车在弱风中转得更快，还是在强风中转得更快？

（　　　　　　　　）

结论

① 位置（越低　越高），说明物体拥有的能量越多。

② 温度（越低　越高），说明物体拥有的能量越多。

③ 风（越弱　越强），说明物体拥有的能量越多。

小博士告诉你

　　风、热、电以及位于高处的物体具有能量，它们能使物体移动，或使其发出光、热或声音。拥有的能量越多，就能使物体移动得更远，或者使其发出更多的光、热和更大的声音。与之相反，拥有的能量越少，使物体移动的距离就越短，发出的光、热就越少，声音也更小。

思考答案：在强风中转得更快 / 结论答案：①越高 ②越高 ③越强

能量与做功

　　在科学领域里，物体在力的作用下顺着力的方向移动时，叫作力对物体做功。在做功的过程中，会相应地产生能量。

只有使物体沿力的方向移动时，才能做功

　　科学研究表明，只有让物体沿着力的方向移动时，才能做功。举重选手把杠铃举过头顶后，一动不动地站在原地，在这期间做功了吗？没有，这是因为选手虽然一直在用力，杠铃却没有移动。

　　那选手将放在地上的杠铃向上举起时，做功了吗？是的，此时选手为了举起杠铃施加了一个向上的力，而杠铃也沿着力的方向向上移动了，所以说选手在这个过程中做了功。

什么是做功？

把箱子扔到光滑的表面上，箱子会在上面滑行，但这并不代表人对箱子做功了。

他举着箱子不动，就没有做功，因为箱子没有沿着力的方向移动。

他举着箱子向前走，也没有做功，因为箱子在受力的方向上没有移动。

能量

能量是指物体拥有的做功的能力。把弓拉开之后，就会产生把箭射出去的能量；把锤子举起后，就会产生把钉子钉进去的能量；把发条拧紧后，就会产生让齿轮转动的能量。像这样，能工作的"能"就是能量。

把弓拉开之后，就会产生把箭射出去的能量。

物体通过改变位置所拥有的势能

有些物体由于位置而具有能量，这种能量被称作"势能"。被拉长或压扁的弹簧就具有势能。把橡皮筋拉长，橡皮筋因而具有了势能。甚至燃料、电力、食物等蕴含的化学能也拥有势能。这是因为分子内电子的位置在不断变化，从而产生了能量。

处于高处的物体同样具有势能，由于这是地球引力所导致的，因此也被称为"重力势能"。

放在高处的石头下落时所具有的能量，能将木桩钉到土里。

运动中的物体所具有的动能

物体受到外力推动而位置发生变化时，就是物体在运动。像抛向空中的球，这些移动中的物体可能会和某物发生碰撞并将其碰倒，这个过程会产生能量。移动中的物体具有动能，比如射出的箭、飞行中的子弹、脱离原子的电子、向下坠落的物体等都具有动能。

行驶中的汽车具有很大的能量。

· 各种各样的能量

能量是物质的一种形态，能够以不同的形式存在，来源也多种多样。

按物质的不同运动形式分类，能量可以分为电能、势能、动能、原子能（核能）、光能、热能、化学能等。能量的来源也很多，有太阳、石油、煤炭、天然气、铀等。

光能

地球上大部分能量都来自太阳。因此太阳也是重要的光能来源。光能能够照亮黑暗，还能使植物进行光合作用，从而产生能量。

化学能

物体在发生化学反应时会吸收或放出能量，吸收或放出的能量叫作化学能。植物通过光合作用产生的能量就属于化学能。

热能

热能是使物体的温度或状态发生变化的能量。两个物体在摩擦时会产生热量，石油、煤炭等燃料在燃烧时也会散发热量。

电能

发电站通过燃烧化石能源或者收集风能、水能获得电能。电能是原子失去或获得电子时释放的能量。电能可以轻易地转化为光能、动能、热能等其他能源。

清洁能源

清洁能源是指不会对环境造成污染的能源。清洁能源包括太阳能、地热能、风能等绿色能源，从甘蔗、海带中获得的生物能源，以及分解水分子得到的氢能。

在弹弓上放上小石子并拉紧，这时，拉紧的弹弓具有了势能。把弹弓放开的一瞬间，飞出去的小石子就会拥有与弹弓上的势能几乎相等的动能。拧紧发条，让玩具车动起来，发条拥有的势能一部分转化为玩具车的动能，另一部分因为摩擦转化为热能。同样，下落中的物体的势能并没有消失或者产生新的能量，仅仅是转化成了大约等量的动能而已。像这样，能量的形态总是在频繁地转化着，但所有能量的总量一直是恒定不变的，既不会增加，也不会减少。

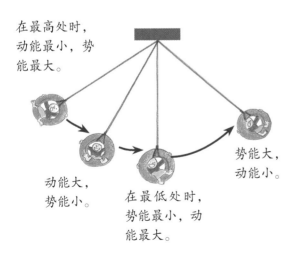

在最高处时，动能最小，势能最大。

动能大，势能小。

在最低处时，势能最小，动能最大。

势能大，动能小。

目前世界上使用的大部分能量都来源于化石燃料。燃烧化石燃料获得能量时，会排出二氧化碳、甲烷、二氧化氮等温室气体，这成为全球气候变暖的主要原因。

随着地球温度的逐步上升，地球上的冰川开始融化。自1993年以来，全球海平面平均高度以每年约3毫米的速度迅速上升。此外，自20世纪70年代以来，暴雨和极度干旱等异常气候也发生得越来越频繁。

为了应对使用能源带来的一系列环境问题，中国把可持续发展作为经济社会发展的重要目标，大力弘扬"低碳"环保理念，减少二氧化碳排放，鼓励各行各业积极开展节能减排活动，节约煤炭等化石能源，鼓励、推广太阳能、风能、水电等清洁能源和可再生能源的生产和消费。

启明星科学馆

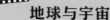

第一辑

生命科学

植物

池塘生物真聪明
小豆子长成记
植物吃什么长大？
花儿为什么这么美？
植物过冬有妙招
小种子去旅行

动物

动物过冬有妙招
动物也爱捉迷藏
集合！热带草原探险队
动物交流靠什么？
上天入地的昆虫
哇，是恐龙耶！

人体

小身体，大秘密
不可思议的呼吸
人体细胞大作战
我们身体的保护膜
奇妙的五感
我们的身体指挥官
食物的旅行
扑通扑通，心脏跳个不停

第二辑

地球与宇宙

环境

咳咳，喘不过气啦！
垃圾去哪儿了？
脏水变干净啦
濒临灭绝的动植物

地球

天气是个淘气鬼
小石头去哪儿了？
火山生气啦！
河流的力量
大海！我来啦
轰隆隆，地震了！
地球成长日记

宇宙

地球和月亮的圆圈舞
太阳哥哥和行星小弟
坐着飞船游太空

生命科学

生物

机器人是生物吗？
谁被吃了？

物质科学

能量

寻找丢失的能量